Hetal Detroja
Urvish Patel
Ashish Varmora

Melhoramento genético para tolerância a altas temperaturas e ao frio no trigo

Hetal Detroja
Urvish Patel
Ashish Varmora

Melhoramento genético para tolerância a altas temperaturas e ao frio no trigo

ScienciaScripts

This book is a translation from the original published under ISBN 978-620-8-41808-3.

Publisher:
Sciencia Scripts
is a trademark of
Dodo Books Indian Ocean Ltd. and OmniScriptum S.R.L publishing group

120 High Road, East Finchley, London, N2 9ED, United Kingdom
Str. Armeneasca 28/1, office 1, Chisinau MD-2012, Republic of Moldova, Europe
Managing Directors: Ieva Konstantinova, Victoria Ursu
info@omniscriptum.com

Printed at: see last page
ISBN: 978-620-8-61633-5

Conteúdo

Introdução

Nome Botânico : *Triticum aestivum* L.
Família : Poaceae
Género : Triticum

Espécies : *Triticum aestivum* L. (trigo para panificação),
Triticum durum L. (Trigo macarrão),
Triticum dicoccum L. (Trigo para emersão)

Centro de origem : Sudoeste asiático
Modo de polinização : Auto-polinização
N.º de cromossomas: 2n=4x =28 *(T. durum* L. *e T. dicoccum* L.*)* 2n=6x=42 *(Triticum aestivum* L.*)*

O trigo (*Triticum spp.*) é uma das culturas cerealíferas mais importantes e de maior dimensão na agricultura mundial e a segunda fonte mais importante de alimentos de base, a seguir ao arroz, na Índia. O trigo é universalmente conhecido como o "rei dos cereais" devido ao seu elevado valor económico e excelente vizinhança entre as culturas alimentares. Pertence ao género Triticum e à família Poaceae. O centro de origem do trigo é o Sudoeste Asiático. Na Índia, o trigo é cultivado principalmente nos estados de Uttar Pradesh, Madhya Pradesh, Punjab, Rajasthan, Haryana, Bihar, Maharashtra, Karnataka e Gujarat. Três espécies de trigo, *Triticum aestivum* L. (trigo panificável, 2n=42), *Triticum durum* L. (trigo Macroni, tetraploide, 2n=28) e *Triticum dicoccum* L. (trigo Emmer, tetraploide, 2n=28) são atualmente cultivadas como culturas comerciais na Índia (Das, 2008).

Fornece aproximadamente 55% dos hidratos de carbono e 19% das calorias necessárias diariamente para os seres humanos (Joye *et al.*, 2020). A nível mundial, o trigo é a segunda cultura alimentar mais importante, a seguir ao arroz, em termos de área, produção e consumo. Os principais países produtores de trigo no mundo são a China, a Índia, os Estados Unidos, a Rússia e a França

Quadro - 1: Zonas de cultivo de trigo na Índia

Zonas	Estados
Zona das Colinas do Norte (NHZ)	Regiões dos Himalaias ocidentais de J&K (exceto Jammu e Kathua distt.); H.P. (exceto Una e vale de Paonta); Uttaranchal (exceto a zona de Tarai); Sikkim e colinas de Bengala Ocidental e Estados do Nordeste
Planícies do Noroeste Zona (NWPZ)	Punjab, Haryana, Deli, exceto Rajasthan (exceto as divisões de Kota e Udaipur) e Western UP (divisão de Jhansi), partes de J&K (distrito de Jammu e Kathua) e partes de HP (distrito de Una e vale de Paonta) e Uttaranchal (região do Tarai)
Zona das Planícies do Nordeste	UP oriental, Bihar, Jharkhand, Orissa, Bengala Ocidental, Assam e planícies dos Estados do NE
Zona Central (CZ)	Gujarat, Madhya Pradesh, Chhattisgarh, divisões de Kota e Udaipur do Rajastão e divisão de Jhansi do Uttar Pradesh
Zona Peninsular (ZP)	Maharashtra, Karnataka, Andhra Pradesh, Goa, planícies de Tamil Nadu
Zona das Colinas do Sul (SHZ)	Zonas montanhosas de Tamil Nadu e Kerala, incluindo as colinas Nilgiri e Palni do planalto meridional

Fonte: Singh *et al.* (2019)

Quadro - 2. produção e produtividade (2021-22)

N.º Sr.	Particular	Área (milhões de hectares)	Produção (milhões de toneladas)	Produtividade (kg/ha)
1	Índia	30.54	106.84	3484
2	Gujarat	1.040	3.36	3235

Fonte: Relatório do Diretor do AICRP sobre o trigo e a cevada2021-22; Anon. (2022a).

CAPÍTULO 1

ESTADOS PRODUTORES DE TRIGO DA ÍNDIA

Quadro - 3. Estados produtores de trigo da Índia

Não.	Estado	Produção de trigo (toneladas)
1	Uttar Pradesh	34157
2	Madhya Pradesh	22419
3	Punjab	14456
4	Haryana	10620
5	Rajastão	9819
6	Bihar	5600
7	**Gujarat**	**3364**
8	Maharashtra	2279
9	Uttarakhand	867
10	Bengala Ocidental	660

Fonte: Relatório do Diretor do AICRP sobre o trigo e a cevada2021-22; Anon. (2022d).

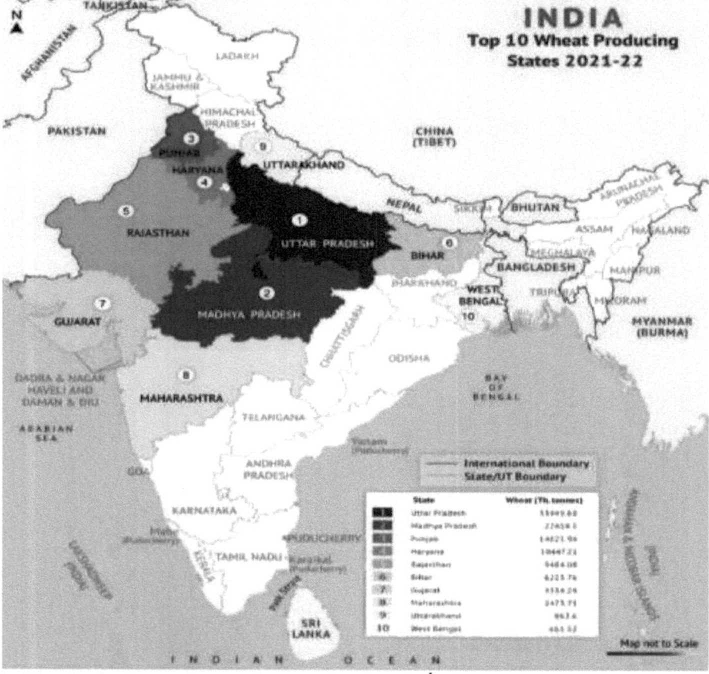

Fig. 1. Os 10 principais estados produtores de trigo da Índia em 2021-22 (Fonte: www.mapindia.com)

❖ TENSÃO TÉRMICA

A temperatura é fundamental para os processos vitais, que aumentam com a temperatura dentro de um intervalo limitado. Quando a temperatura sobe para além do limite superior da gama, ou seja, ultrapassa a temperatura óptima, a relação entre os processos vitais e a temperatura é perturbada. Do mesmo modo, quando a temperatura desce abaixo de um limiar, que é frequentemente próximo de zero, os processos vitais são suficientemente perturbados para causar lesões e a morte de genótipos sensíveis. Cada espécie de planta, e mais particularmente cada genótipo, tem uma gama óptima de temperaturas para o seu crescimento e desenvolvimento normais. As temperaturas específicas dependem não só do genótipo, mas também da fase de crescimento e desenvolvimento do genótipo em causa. Quando a temperatura ultrapassa esta gama óptima, gera stress térmico.

CLASSIFICAÇÃO

O stress térmico pode ser agrupado nas três categorias seguintes:

1) Stress térmico
2) Stress de arrefecimento
3) Stress de congelação

A) STRESS DE CALOR

O aumento da temperatura para além de um nível limite durante um período de tempo suficiente para causar danos irreversíveis ao crescimento e desenvolvimento das plantas é definido como stress térmico.

Afecta o crescimento das plantas ao longo da sua ontogenia. Atualmente, os diferentes gases com efeito de estufa aumentarão gradualmente a temperatura média mundial, o que constituirá uma séria ameaça para a produção vegetal em todo o mundo (Roy e Basu, 2009)

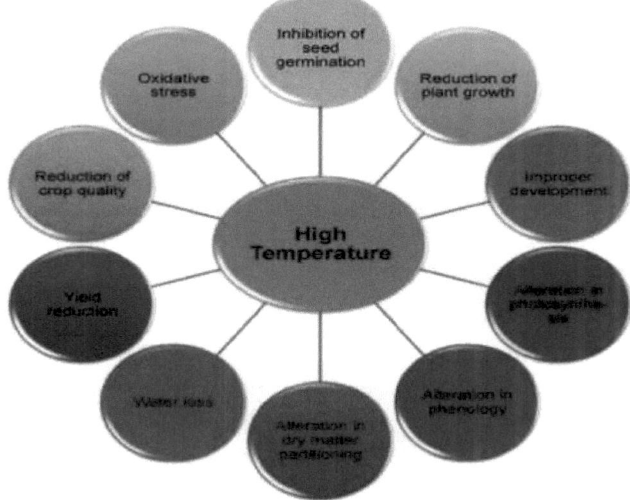

Fig. 2. Principais efeitos da temperatura elevada nas plantas (Hasanuzzaman *et al*., 2013)

O calor afectaria :

1) Sobrevivência de células e tecidos

> A morte de células e tecidos ocorre normalmente em órgãos que não têm arrefecimento transpiratório e quando as suas temperaturas de superfície atingem 48-50°C.

> As plântulas são mais susceptíveis a estas lesões quando são expostas a temperaturas mais elevadas.

> O processo reprodutivo é especialmente sensível ao calor, que provoca a abscisão das flores, a morte do pólen e uma fraca frutificação.

> No entanto, esta temperatura quase letal ocorreria durante breves períodos, quando a

sobrevivência ao stress térmico se torna primordial.

2) Crescimento e desenvolvimento

> Os fenómenos fenológicos são acelerados pelo efeito cumulativo da temperatura, comummente designado por unidades de calor ou somas de calor.

> Por conseguinte, a extensão do efeito prejudicial do calor depende da temperatura * tempo interação

> Regra geral, a aceleração do desenvolvimento das plantas pelo calor reduz o rendimento, o tamanho dos órgãos e mesmo a produção total de biomassa;

> reduz também a duração do enchimento do grão e, consequentemente, o tamanho do grão.

> As diferentes fases de crescimento e desenvolvimento diferem na sua sensibilidade ao stress térmico

> O período entre o início da espiga e a floração no trigo é muito sensível à temperatura, e a aceleração desta fase parece ser a principal causa da redução do rendimento em condições de calor.

> A variedade de trigo "Kalyan Sona" é muito estável ao calor neste aspeto, o que pode explicar em parte o seu desempenho estável na Índia.

3) Efeitos fisiológicos

a) Respiração

> A respiração total aumenta com a temperatura e é mais resistente ao calor do que a fotossíntese.

> Por conseguinte, o calor pode levar à utilização de uma quantidade de fotossintatos superior à produzida pela fotossíntese, resultando num esgotamento progressivo dos fotossintatos.

> Este efeito é de grande importância para o rendimento das culturas.

> É de salientar que uma parte da respiração está associada ao crescimento, enquanto a outra parte diz respeito à manutenção dos processos vitais.

b) Fotossíntese

> Os processos fotossintéticos são extremamente sensíveis ao calor.

> O fotossistema II, ou seja, a fotólise da água e a redução do CO, é muito mais facilmente inactivado pelo calor do que o fotossistema I.

> As várias enzimas localizadas fora das membranas tilacóides dos cloroplastos podem ser desestabilizadas pelo calor, o que pode resultar na inibição da fotossíntese

c) Translocação de fotossintatos

> O crescimento dos grãos, especialmente nos cereais, é reduzido pelo calor.

> Este efeito pode ser o resultado da redução da translocação de fotossintatos para o grão em consequência do calor.

> Alternativamente, o próprio calor pode reduzir o crescimento do grão, o que por sua vez reduz a translocação de fotossintatos para o grão (devido a um tamanho reduzido do sumidouro).

d) Desnaturação de proteínas

> Foi proposto que as alterações conformacionais das proteínas induzidas pelo calor (que podem afetar as suas funções, levar à sua desnaturação e aumentar a sua suscetibilidade às enzimas proteolíticas) são fundamentais para as lesões induzidas pelo calor.

> Mas a desnaturação das proteínas ocorre a temperaturas quase ou exatamente letais.

> Por conseguinte, a estabilidade térmica das proteínas é um índice questionável de

resistência ao calor

e) Composição e estabilidade da membrana

> O calor pode afetar a composição e a estabilidade das membranas, que é uma função da água, das proteínas e dos componentes lipídicos das membranas, bem como da sua interação entre si.

> Com o aumento da temperatura, os lípidos tornam-se cada vez mais líquidos, o que pode afetar a função da membrana e até a estabilidade das proteínas da membrana.

> É bem conhecido o facto de as membranas (celulares e cloroplásticas) serem fundamentais para a lesão térmica e a tolerância ao calor.

f) Proteínas de choque térmico (HSP)

> A função das proteínas depende muito da sua síntese e do seu dobramento. A dobragem incorrecta das proteínas afecta significativamente o mecanismo de funcionamento da célula.

> Em condições de HS, a dobragem e a síntese de proteínas são interrompidas e são produzidos agentes de stress na célula sob HS. Estes agentes perturbam instantaneamente os principais processos metabólicos, bem como a replicação do ADN, a transcrição, o transporte do ARNm e a tradução até à recuperação da célula.

> Para ultrapassar esta situação, as plantas aceleram a produção de proteínas induzidas por HS como mecanismo de defesa, conhecidas como proteínas de choque térmico (HSPs)

> Os factores de transcrição do stress térmico (Hsfs) estão presentes no citoplasma numa condição inativa que actua como proteína reguladora na transcrição dos genes que codificam as HSPs. Sob HS, estes Hsfs actuam como activadores da transcrição.

Tabela - 4 Proteínas de choque térmico com funções

Proteínas de choque térmico	**Funções**
HSP101	HSP101 Degradação de agregados proteicos. É um processo dependente de ATP
HSP90	Mediar a transdução de sinal associada ao HS.
HSP70	Facilita a dobragem correta das proteínas e estabiliza as proteínas recém-sintetizadas, impedindo a formação de agregados.
HSP60	Ajuda a redobrar as proteínas e evita a acumulação de proteínas desnaturadas.
HSP40	As pequenas HSP envolvidas na redobragem são libertadas pelas HSP40, HSP70 e HSP100 após a formação da proteína totalmente redobrada
Pequenos HSPs	Ajuda a redobrar as proteínas desnaturadas, evitando assim a agregação térmica

Fonte : Poudel e Poudel, (2020)

***I- Porquê a criação para tolerância ao calor?**

> Desde a década de 1980, estima-se que a produtividade global do trigo tenha sofrido uma redução de 5% devido ao aumento da temperatura.

> Foi observada uma perda de rendimento de 33,6% nas principais cultivares de trigo devido ao stress térmico em condições de sementeira tardia.

> Uma temperatura elevada de 3-4°C acima da temperatura óptima no enchimento do grão reduz 10-50% do rendimento do trigo na Ásia com a tecnologia de produção e as variedades actuais

> O aumento do rendimento por unidade de superfície é a única opção para aumentar a produção total de trigo.

> A temperatura da Terra está a aumentar devido ao aquecimento global e a várias actividades humanas. Prevê-se que a temperatura média no mundo aumente 1,5°C até 2050.

> Este aumento da temperatura é muito prejudicial para as culturas temperadas como o trigo.

> A partir daí, o desenvolvimento de genótipos de trigo tolerantes ao calor e de elevado rendimento tornou-se mais crítico para sustentar a produção de trigo, particularmente sob alterações climáticas abruptas e um rápido crescimento da população mundial.

Fonte : Khan *et al.* (2022)

> Trigo na Índia: produção de 2022/23 ligeiramente afetada pelo calor extremo

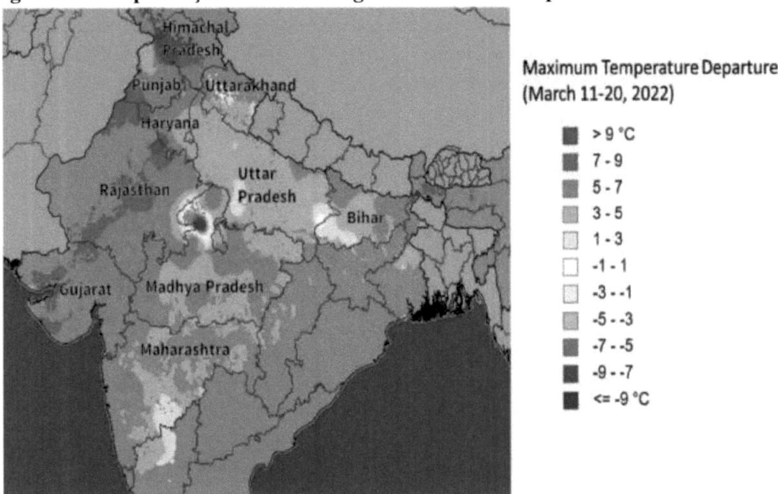

Fig. 3. Enchimento de grãos de trigo na Índia prejudicado por temperaturas mais altas

Fonte: Relatório USDA, 2022; Anon. (2022b)

Quadro - 5. Requisitos de temperatura da cultura do trigo em diferentes fases de crescimento

Fases	Temperatura óptima	Temperatura mínima	Temperatura máxima
Crescimento da raiz	17.2 ± 0.87	3.5 ± 0.73	24 ± 1.21
Crescimento dos rebentos	18.5 ± 1.90	4.5 ± 0.76	20.1 ± 0.64
Iniciação da folha	20.5 ± 1.25	1.5 ± 0.52	23.5 ± 0.95
Espigueta terminal	16 ± 2.3	2.5 ± 0.49	20 ± 1.6
Antese	23 ± 1.75	10 ± 1.12	26 ± 1.01
Duração do enchimento de grãos	26 ± 1.53	13 ± 1.45	30 ± 2.13

Fonte : (Yadav *et al.*, 2022)

Segundo consta, por cada aumento de 1°C acima da temperatura óptima durante a fase de enchimento do grão, o rendimento do trigo sofre uma redução de 3 a 4% (Wardlaw *et al.* 1989)

Tabela - 6. Atraso na semeadura resulta em queda de produtividade

Época de sementeira e rendimento (t/ha)				**Perda (kg/ha/dia)**	
Área	**Normal 15 de novembro.**	**Tarde (meados de dezembro)**	**Muito tarde (fim de dezembro)**	**Tarde**	**Muito tarde**
Nordeste (UP Leste, Bihar, WB)	3.8	3.1	2.4	33.4	49.9
Noroeste (Punjab, Haryana, West UP.)	4.5	3.6	2.8	32.1	49.6
Central (M.P., Raj., Guj.)	4.3	3.7	2.6	34.6	52.8
Estados do Sul (Karnataka, Mah.)	3.5	3.1	2.5	27.1	36.3

Fonte: Com base em ensaios multilocais a longo prazo (10 anos) do ICAR (Boletim DWR, 2018), Anon. (2018)

Mecanismos de resistência a altas temperaturas

> A resistência ao stress térmico pode ser definida como a capacidade de alguns genótipos terem um melhor desempenho do que outros quando são submetidos ao mesmo nível de stress térmico.

> Os diferentes mecanismos de resistência ao calor podem ser agrupados em duas categorias:

1) Evitar o calor :

A capacidade de um genótipo para dissipar a energia da radiação e, desse modo, evitar um aumento da temperatura da planta para um nível de stress, é designada por prevenção do calor.

2) Tolerância ao calor :

A capacidade de alguns genótipos resistirem/terem um melhor desempenho do que outros quando as suas temperaturas internas são comparáveis e em caso de stress térmico é designada por tolerância ao calor

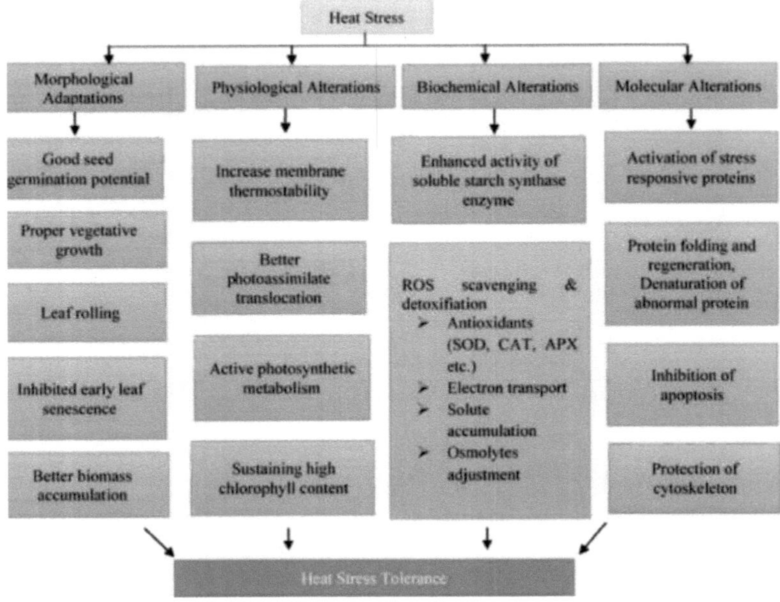

SOD- Superóxido dismutase, CAT -Catalase, APX -Ascorbato peroxidase

Fig. 4. Alterações de tolerância ao stress térmico Fonte : (Sarkar *et al.*, 2021)

Mecanismos de tolerância a altas temperaturas

1) Os chaperons moleculares protegem contra o calor

> Sabe-se que as plantas sintetizam, sob choque térmico, uma grande diversidade de proteínas de choque térmico (HSPs) que funcionam como protectores a nível bioquímico

> As funções típicas destas HSPs são a manutenção da proteostase celular, limitando a produção e a acumulação de agregados proteicos induzidos por HS e conferindo termotolerância

> A HSP 101 é uma chaperona molecular muito comum que é necessária para o desenvolvimento da tolerância térmica nas plantas

Proteína corretamente dobrada

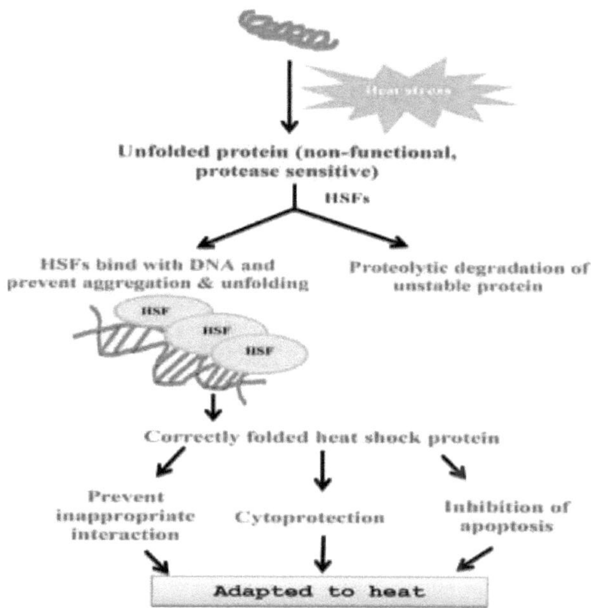

Fig.5.Os chaperons moleculares protegem contra o calor

Fonte: Sarkar *et al.* (2021)

2) Teor de amilopectina

> Sugere-se que os genótipos tolerantes aumentaram a porção de carbono preferencialmente na forma de amilopectina, que é capaz de reter mais água.

> Também foi referido que as sementes do grupo tolerante tinham baixos teores de amilose e elevados teores de amilopectina, em comparação com o amido das sementes de genótipos de trigo susceptíveis.

3) Conteúdo dos osmoreguladores

> Os osmorreguladores, ou *seja,* as poliaminas (PAs), têm um papel protetor nas respostas das plantas ao stress

> A prolina e a glicina-betaína protegem várias enzimas da inativação pelo calor in *vitro.*

4) Estabilidade da membrana

> As espécies de plantas tolerantes ao calor tendem a ter uma maior percentagem de ácidos gordos saturados na sua membrana.

> A estabilidade da membrana celular é um índice de tolerância ao calor que tem uma relação considerável com o desempenho das plantas em ambientes de stress.

5) Estabilidade térmica do fotossistema II

> A termoestabilidade do fotossistema II aumenta a tolerância a altas temperaturas. Assim, o efeito do stress térmico sobre a fotossíntese e os danos nos cloroplastos pode ser avaliado como fluorescência variável da clorofila a 685 nm. Este calor é razoavelmente adequado para desenvolver um
teste de despistagem em massa da tolerância ao calor.

Técnicas de rastreio da tolerância ao calor

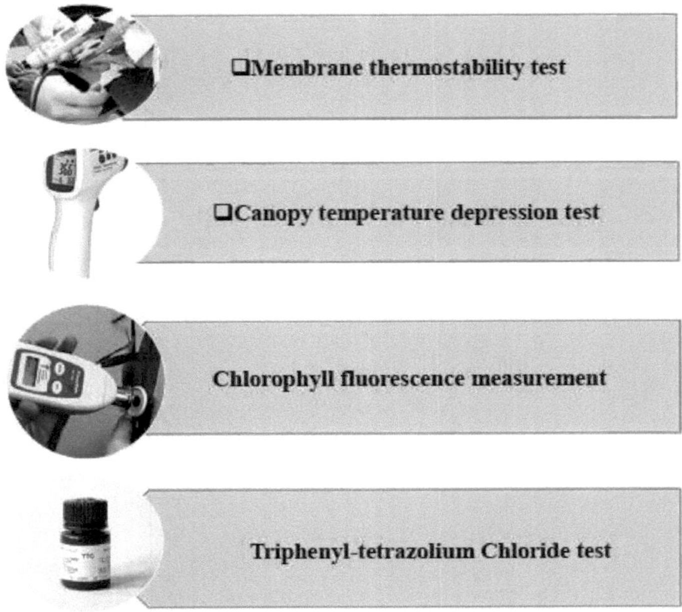

Ensaio de termoestabilidade da membrana
Ensaio de depressão da temperatura do dossel
Medição da fluorescência da clorofila
Ensaio com cloreto de trifenil-tetrazólio

Fonte : (Roy e Basu, 2009)

Tabela -7. Centros de seleção de material para o stress térmico

Zona	Centros
Zona das Planícies do Noroeste (NWPZ)	Karnal
	Hisar
Zona das Planícies do Nordeste (NEPZ)	Varanasi
	Sabour
Zona central	Indore
	Jabalpur
	Bilapur
	Sagar
	Vijapur
	Junagadh
Zona peninsular	Dharwad
	Akole
	Pune

Fonte : Gupta *et al.* (2018)

Tabela - 8. Alguns critérios de seleção importantes para a tolerância ao calor

Caraterísticas	**Medido como**
Germinação	Percentagem de germinação sob stress
Crescimento durante o stress térmico	Rendimento, biomassa
Estabilidade da membrana	Fuga de soluto (condutividade)
Fotossíntese	Fluorescência da clorofila a 685 nm
Recuperação após stress térmico	Rendimento e biomassa
Sensibilidade da fase reprodutiva	Fertilidade do pólen, enchimento dos grãos

***I- Abordagens de criação :**

> **Abordagens convencionais de melhoramento genético:** Introdução, Seleção, Hibridação, Melhoramento de Ideótipos, Melhoramento de Mutações.

> **Abordagens modernas de melhoramento:** seleção assistida por marcadores (MAS), análise de QTL, edição do genoma, abordagem transgénica.

♦♦♦ Recursos genéticos para a tolerância ao calor

Tabela - 9. Espécies silvestres como recurso genético para tolerância ao calor

Ageilops geniculate	*Triticum monococcum*
Ageilops longisima	*Aegilops speltoides*
Ageilops searsii	*Ageilops tauschii*
Triticum dicoccon	

(Kumar *et al.*, 2013)

B) STRESS DE FRIO

Em muitos ambientes, a produtividade das culturas é limitada pelas baixas temperaturas. Quando as temperaturas se mantêm acima do ponto de congelação (>0°C), o arrefecimento enquanto as temperaturas se mantêm abaixo do ponto de congelação (<0°C) é designado por congelação.

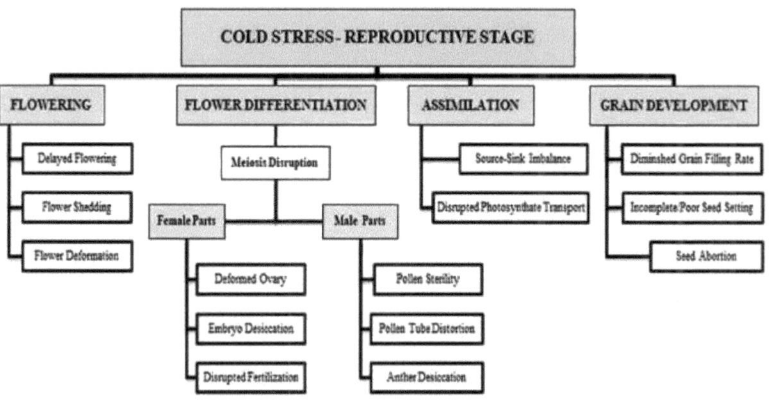

Hassan *et.al* (2021) **Fig. 6.** Efeito do stress por frio na fase de reprodução

> **♦♦ Stress de arrefecimento**

> **Stress de arrefecimento a nível das plantas**

O stress provocado pelo frio pode ser medido em termos de germinação das sementes, crescimento, frutificação, rendimento, fertilidade do pólen e qualidade dos frutos. Conduz a uma germinação reduzida, a um fraco estabelecimento das plântulas, a um crescimento atrofiado , à murchidão, à clorose, à necrose, a uma frutificação deficiente e à esterilidade do pólen.

> **Stress de arrefecimento a nível subcelular**

A nível subcelular, o arrefecimento afecta a estabilidade das membranas, a síntese de clorofila, a fotossíntese, a respiração e pode gerar toxicidade devido ao H2O2.

> **TOLERÂNCIA AO FRIO**

A capacidade de alguns genótipos sobreviverem/terem melhor desempenho sob stress de frio do que outros genótipos é designada por tolerância ao frio. Normalmente, é a consequência do endurecimento por frio,

Tabela - 10. Componente e consequências da tolerância ao arrefecimento

Componente	Consequências/observações
Insaturação dos lípidos da membrana	Redução da temperatura a que ocorre a transição de fase; redução das rupturas da membrana; medida como fuga de eletrólito
Redução da sensibilidade da fotossíntese	Parcialmente relacionado com a tolerância ao frio de enzimas específicas, medida como fluorescência variável da clorofila
Aumento da acumulação de clorofila	Acumulação de clorofila impedida pelo desenvolvimento deficiente da membrana tilacoide ou devido a um desequilíbrio na via da porfirina
Melhoria da germinação	Existe uma variação genética considerável
Melhoria do conjunto fruto/semente	A posição da flor no cacho pode afetar a resposta
Fertilidade do pólen	Associado a um teor mais elevado de prolina no pólen

> **FONTES DE TOLERÂNCIA AO FRIO**

- Populações reprodutoras bem adaptadas
- Germoplasma
- Mutantes tolerantes ao frio
- Variantes somaclonais
- Espécies selvagens relacionadas

C) TENSÃO DE CONGELAÇÃO

Quando as plantas são sujeitas a temperaturas negativas, desenvolve-se nelas um conjunto complexo de tensões e deformações, todas elas incluídas no stress de congelação.

1)) lce Formação

O início da formação de gelo requer uma fonte de nucleação, que existe tanto no exterior como no interior das plantas. As fontes externas de nucleação incluem partículas de poeira, matéria orgânica, bactérias e até bolhas de gás. Várias estirpes de bactérias como Pseudomonas syringae, P. fluorescens migula e Erwinia herbicola funcionam como nucleadores de gelo eficazes, mesmo a temperaturas relativamente elevadas de -1 a -2°C. A formação de gelo intracelular é geralmente aceite como sendo letal; as causas da letalidade, Assim, a formação de gelo intracelular é o stress de congelação principal e terminal.

2) Perturbações da membrana

O congelamento pode causar rupturas e/ou alterar as propriedades semipermeáveis da membrana plasmática, levando a uma perda de solutos das células

3) Superarrefecimento

O arrefecimento da água abaixo de 0 C sem formação de cristais de gelo é designado por sobrearrefecimento > **RESISTÊNCIA AO CONGELAMENTO**

A capacidade de um genótipo sobreviver ao stress do congelamento e de recuperar e crescer novamente após o descongelamento é conhecida como resistência ao congelamento

Evitar o congelamento

A capacidade dos tecidos/órgãos das plantas (mas não das plantas inteiras) de evitar a formação de gelo a temperaturas negativas é designada por Evitamento de Congelação. O superenrolamento é um mecanismo para evitar o congelamento.

Tolerância ao congelamento

A capacidade das plantas para sobreviverem ao stress gerado pela formação de gelo extracelular e para recuperarem e crescerem novamente após a descongelação é conhecida como tolerância à congelação

Os vários componentes da tolerância ao congelamento são os seguintes

(1) Ajuste Osmótico
(2) Quantidade de água ligada
(3) estabilidade da membrana plasmática
(4) Propriedades da parede celular
(5) Proteínas reactivas ao frio

> FONTES DE TOLERÂNCIA AO CONGELAMENTO

- Variedades cultivadas
- Linhas de Germoplasma
- Mutações induzidas
- Espécies selvagens relacionadas

> CRITÉRIOS DE SELECÇÃO

A deteção durante os programadores de reprodução é geralmente baseada em :

(1) sobrevivência no terreno
(2) testes de congelação em laboratório
(3) congelação da coroa em laboratório no caso dos cereais
(4) Estado da osmorregulação após congelação

CAPÍTULO 2

ESTUDO DE CASO : 01

Título: Rastreio de caraterísticas de tolerância em genótipos de trigo (*Triticum aestivum* L.) através de marcadores físico-bioquímicos

Autor : Singh *et al.*(2020)

Objetivo: Rastreio de vários genótipos de trigo para tolerância ao calor.

Método: Os genótipos de trigo Halna, PBW-343, Raj-3765, K-9006, HD-2733, K-8962, NW-1014, NW 1067, UP-2338 e DBW-14 foram semeados em Ayodhya. O tratamento do stress térmico foi efectuado através de uma sementeira tardia de 35 dias. Assim, a fase reprodutiva do trigo poderia sofrer um forte stress térmico. Foram adoptadas práticas agronómicas gerais em função das necessidades da cultura. A temperatura na fase de enchimento do grão variou entre 360C e 390C na cultura de trigo semeada com atraso.

Resultados e Discussão :

Índice de Estabilidade da Membrana

A figura mostra claramente que a estabilidade da membrana foi altamente afetada pelas condições de stress térmico na fase reprodutiva. O MSI máximo foi registado no DBW-14 (58,9) e o mínimo no PBW-343 (37,1) em condições de stress térmico. Em todos os genótipos de trigo, a integridade da membrana celular foi perturbada em condições de stress térmico. O baixo MSI foi observado nas linhas de trigo susceptíveis devido a uma maior fuga de electrólitos em condições de stress térmico. A estabilidade da membrana celular, uma medida da difusão de electrólitos resultante da fuga da membrana celular induzida pelo calor, foi utilizada para rastrear e avaliar a tolerância térmica de diferentes genótipos de trigo.

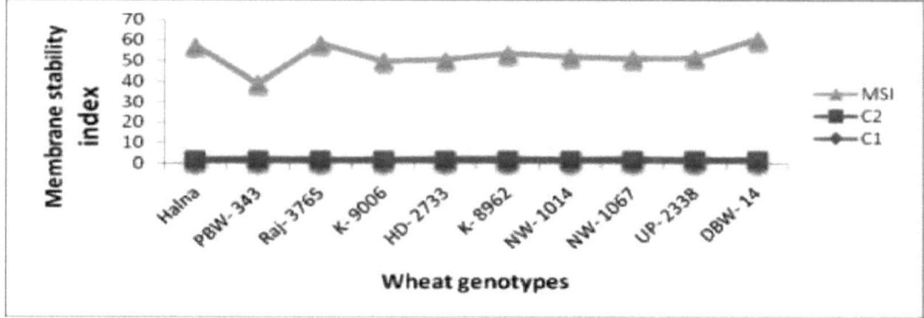

Fig. 7. Índice de estabilidade da membrana dos genótipos de trigo

Depressão da temperatura do dossel

A depressão da temperatura da copa variou significativamente nos genótipos de trigo em condições de stress térmico. Foi registada uma elevada DTC em Halna (5,5), HD-2733 (4,8) e NW-1014 (4,8), enquanto que foi menor em PBW-343 (4,1) e Raj-3765 (5) em condições de stress térmico. A temperatura do dossel é uma caraterística promissora para identificar a tolerância ao calor e à seca e a depressão da temperatura do dossel (DTC) demonstrou estar bem correlacionada com o estado da transpiração em culturas como o trigo e o arroz.

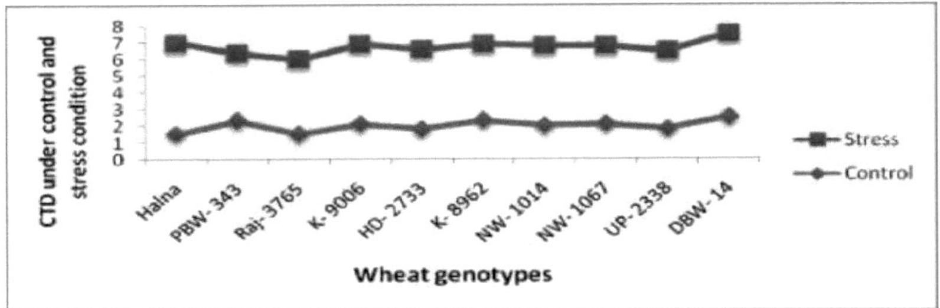

Fig. 8. Efeito do stress térmico na depressão da temperatura da copa (DTC) do genótipo de trigo

Altura da planta

Os genótipos de trigo apresentaram variabilidade genética na altura das plantas. A altura máxima das plantas foi observada no K-8962 (90,67 cm) e a mínima no HD-2733 (64,33 cm) em condições de controlo. A estabilidade da planta foi altamente flutuante sob stress térmico nos genótipos de trigo devido ao seu nível genérico de tolerância ao calor. A redução máxima foi registada no HD-2733 (35,22%), seguido do NW-1067 (30,74%) e do K-9006 (24,53%), enquanto a redução mínima foi registada no Halna (12,50%), seguido do Raj-3765, do K-8962, do UP-2338, do DBW-14 e do NW-1014 em termos de percentagem de redução em relação ao controlo

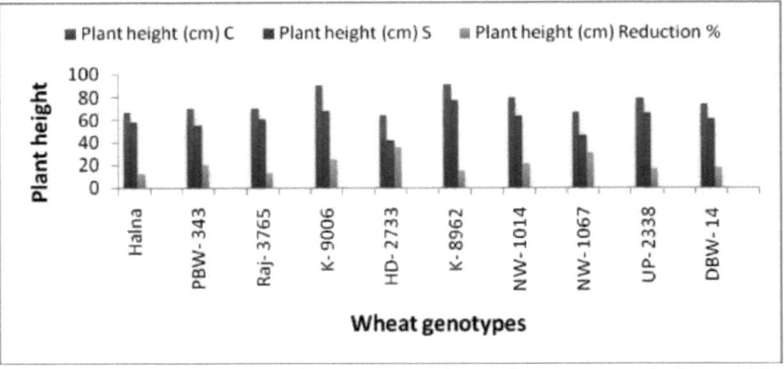

Fig. 9. Altura da planta (cm) e sua redução percentual em relação ao controlo dos genótipos de trigo em condições de stress térmico

Número de perfilhos por planta

Os genótipos de trigo mostraram uma variabilidade significativa no número de perfilhos por planta. Sob condição de controle, o número máximo de perfilhos foi registrado em K9006 (14,00) e o mínimo em K-8962 (7,33). O estresse térmico teve efeito significativo no número de perfilhos por planta e o reduziu em todos os genótipos de trigo. A redução mínima de porcentagem no número de perfilhos foi registrada em DBW-14 (10,78) e máxima em PBW-343 (48,69) em regimes de estresse por calor. DBW-14, Raj-3765 e NW-1014 mostraram superioridade em relação a outros genótipos devido à baixa redução percentual no número de perfilhos em relação à condição de stress térmico de controlo. O estresse térmico durante o estágio vegetativo inicial afeta o número de perfilhos e, conseqüentemente, também afeta o número de espiguetas por planta, resultando em redução da capacidade de absorção e da capacidade de fonte futura das plantas

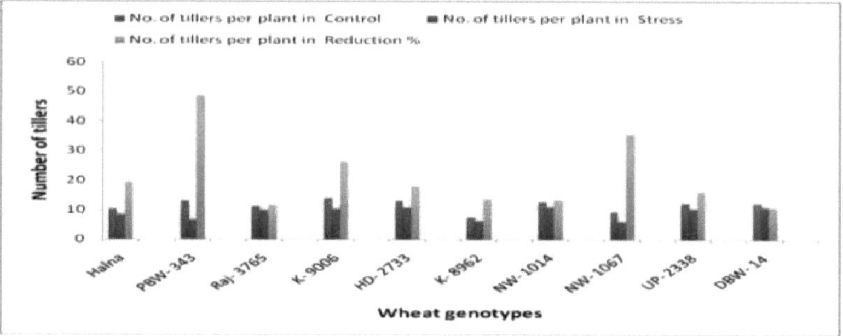

Fig. 10. Número de perfilhos por planta e sua redução percentual em relação ao controlo dos genótipos de trigo sob condições de stress térmico

Comprimento da espiga

Houve variações significativas no comprimento da espiga em diferentes genótipos de trigo em condições de controlo e de stress térmico. O comprimento máximo da espiga foi observado em K-9006 e o mínimo em Halna nas condições de controlo. Em condições de stress térmico, o comprimento da espiga não se manteve como nas condições de controlo. O stress térmico reduziu significativamente o comprimento da espiga. Os genótipos Halna (5,35), Raj 3765 (5,82), PBW-343 (7,87), UP-2338 (7,89) e HD-2733 (8,73) apresentaram uma redução percentual, respetivamente, em relação ao controlo e estatisticamente superior a outras variedades. A maior redução percentual foi registada em NW-1067 (19,02), K-9006 (15,19).

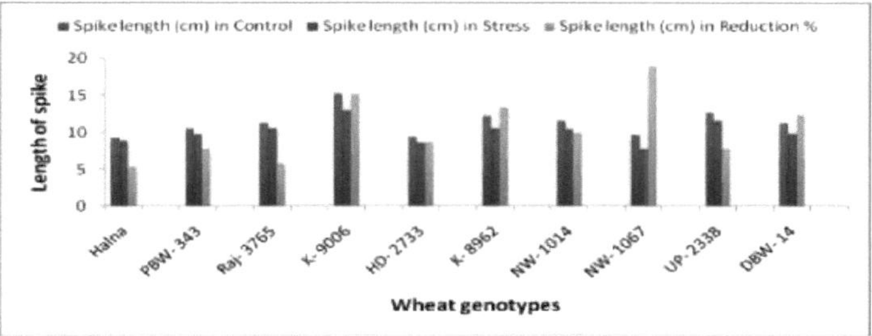

Fig. 11. Comprimento da espiga (cm) e sua redução percentual em relação ao controlo dos genótipos de trigo em condições de stress térmico

Número de grãos por espiga

Os genótipos de trigo apresentaram variabilidade genética no número de grãos em espiga-1 em condições de controlo e de stress. Observou-se um elevado número de grãos na espiga principal no K-8962 (62,00), DBW-14 (58,67) e NW-1014 (56,00), enquanto se registou um menor número de grãos no Halna (35,67), PBW-343 (40,67) e K9006 (47,67). O stress térmico reduziu os grãos na espiga principal, independentemente dos genótipos de trigo. Obteve-se uma redução elevada do número de grãos na espiga principal no PBW-343

(58,20%), HD-2733 (46,75%) e NW-1014 (44,05%) e uma redução menor no UP-2338 (18,54%), Raj-3765 (19,86%) e K-9006 (21,69%) em regiões de stress térmico.

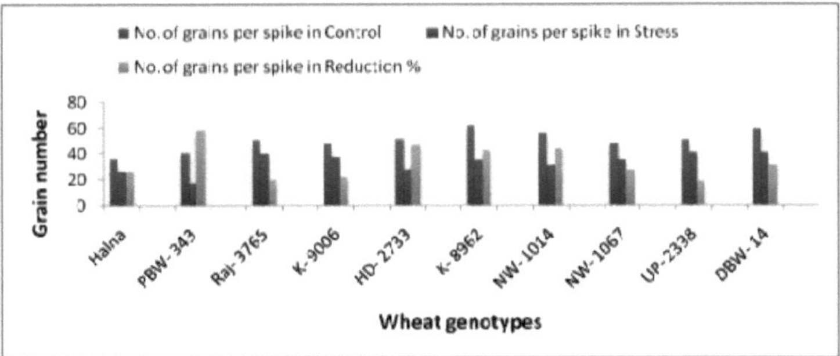

Fig. 12. Número de grãos na espiga principal e redução percentual dos genótipos de trigo em relação ao controlo em condições de stress térmico

Rendimento por planta

A variabilidade genética foi registada no rendimento por planta das variedades de trigo. Em condições de controlo, K-9006, HD-2733 e NW 1067 apresentaram 15,25, 15,23 e 14,10 g de rendimento de grãos por planta, respetivamente, sendo superiores às outras variedades. Mas sob condições de stress, a persistência não foi mantida como na condição de controlo e, assim, a redução máxima de percentagem foi registada em K-9006 (47,08), seguida de HD-2733 (45,96) e NW-1067 (35,67). A redução percentual mínima foi registada na Raj-3765 (20,32%) e estatisticamente significativa em relação às outras na persistência da produção em condições de stress térmico.

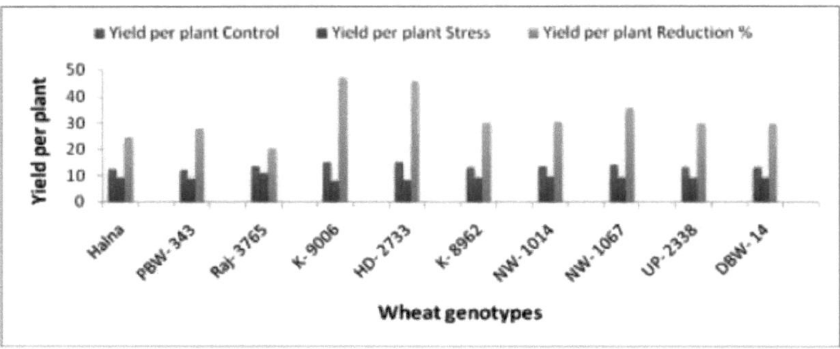

Fig. 13. Rendimento por planta (g) e sua redução percentual dos genótipos de trigo em relação ao controlo em condições de stress térmico

Peso de ensaio

Houve uma variação significativa no peso de teste registado nas variedades de trigo em condições de controlo e de stress térmico. As variedades que apresentaram peso máximo no teste em condições de controlo foram DBW-14 (51,48), HD2733 (46,83), Raj-3765 (46,67), UP-2338 (45,33), PBW-343 (43,80) e as variedades com menor peso no teste foram K-8962 (31,60), Halna (37,83), NW-1067 (38,13) e NW-1014 (40,12).

O peso de teste de todas as variedades foi acentuadamente reduzido em condições de stress térmico. A percentagem de redução aumenta com o aumento da temperatura. A redução máxima sob controlo do stress térmico foi registada na K-9006 (41,27%), seguida da HD-2733 (40,59%) e da NW-1067 (34,38%). A redução mínima foi registada na UP-2338 (22,85%), seguida da Raj-3765 (24,94%), Halna (26,06%), K-8962 (26,26%), DBW-14 (26,82%), PBW-343 (27,05%) e NW-1014 (27,29%).

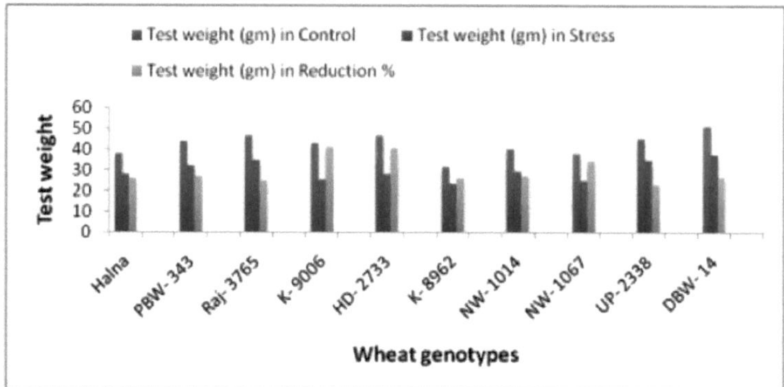

Fig. 14. Peso do teste (g) e sua redução percentual dos genótipos de trigo em relação ao controlo em condições de stress térmico

Conclusão: Em conclusão, os genótipos de trigo tolerantes ao calor apresentaram MSI, CSI, estado verde e CTD elevados e uma menor redução do rendimento e dos componentes do rendimento em condições de stress térmico. No presente estudo, pode concluir-se que Halna é o genótipo de trigo tolerante, seguido de K-8962 e Raj-3765, DBW-14, NW-1014 em condições de stress térmico moderado a elevado. Embora variedades como HD-2733, K-9006 e NW-1067 tenham dado um rendimento elevado em condições controladas, mostraram também uma elevada suscetibilidade ao stress térmico em todos os aspectos.

ESTUDO DE CASO : 02

Título: Estudos de capacidade de combinação de caraterísticas de tolerância ao calor no trigo panificável [*Triticum aestivum* (L.) em. Thell]

Autor : Jat *et al.* (2016)

Objetivo: O principal objetivo dos presentes estudos foi identificar os melhores progenitores combinados e os seus cruzamentos com base nos seus parâmetros gerais e específicos de tolerância ao calor, nomeadamente o teor de prolina, a frequência estomática, os danos causados pelo calor, o índice de estabilidade da clorofila e o índice de vigor das plântulas em ambiente de sementeira normal.

Material e método :

Tabela - 11. Localização e método de material para a experiência

Localização	Quinta de investigação do Departamento de Melhoramento Vegetal e Genética, Faculdade de Agricultura de Rajasthan, Udaipur (Rajasthan)	
N.º de pais	Oito(8)	
N.º de híbridos	28 (acasalamento dialético sem recíprocos)	
Desenhos experimentais	Desenho de blocos aleatórios	
N.º de réplicas	Dois (2)	
Pais	HD 2687	Raj 3077
	DBW 17	Raj 4037
	PBW 373	Raj 4083
	Raj 3765	RKA 501

Jat *et al.* (2016)

Resultados e Discussão :

Tabela - 12. Estimativa dos efeitos da capacidade geral de combinação para diferentes caracteres no trigo panificável

Personagens / Pais	Teor de prolina	Frequência estomática (superior)	Frequência estomática (inferior)	Lesões provocadas pelo calor (%)	Índice de estabilidade da clorofila	Índice de vigor das plântulas
HD 2687	1.02**	-0.60	-0.60	-0.19	1.28**	27.65**
DBW 17	-0.66**	0.03	0.24	0.63	-1.02*	-4.71
PBW 373	0.77**	0.82	-1.87**	-1.97**	0.20	-19.65**
Raj 3765	0.16	-0.79	2.65	2.95**	-0.57	0.68
Raj 3077	-1.49**	1.88**	0.79	-0.64	-0.45	-37.43**
Raj 4037	0.73**	-0.91	-0.69	-1.39**	0.40	-11.89**
Raj 4083	-0.10	-1.57**	-0.46	-0.01	0.03	5.96
RKA 501	-0.45	1.13	-0.05	0.61	0.13	39.38**
SE(gi)	0.24	0.50	0.36	0.48	0.43	3.06
SE(gi-gj)	0.36	0.75	0.55	0.72	0.65	4.63

*Significância a níveis de probabilidade de 5 por cento, Jat *et al.* (2016)

**Significância ao nível de 1 por cento de probabilidade

Tabela - 13. Híbridos F1 superiores com base no efeito SCA para caraterísticas de tolerância ao calor no trigo

Personagens	**Híbrido superior F1**	**efeito sca**	***Per se* de cruzes**	**gca efeitos dos pais**
Teor de prolina	DBW-17 x Raj 3765	**5.06****	17.65	M x L
	DBW-17 x PBW 373	4.50**	17.70	M x M
Frequência estomática (superior)	Raj 4037 x Raj 4083	**-7.46****	37.96	M x H
	DBW-17 x PBW 373	-7.30**	40.46	L x M
Frequência estomática (inferior)	HD 2687 x Raj 4083	**-7.08****	24.05	L x L
	DBW-17 x Raj 3765	-5.63**	29.45	L x H
Lesões provocadas pelo calor (%)	DBW-17 x Raj 3765	**-15.16****	36.58	L x H
	Raj 3077 x Raj 4037	-10.84**	35.28	L x M
Índice de estabilidade da clorofila	DBW-17 x PBW 373	**9.04****	24.30	H x L
	Raj 4037 x Raj 4083	7.60**	24.10	M x L
	Raj 4037 x Raj 4083	**93.81****	**413.15**	L x L
Índice de vigor das plântulas	**DBW-17 x PBW 373**	**75.75****	**376.65**	L x L

* Significância a níveis de probabilidade de **5 por cento**, Jat *et al.* (2016)

** Significância ao nível de **1 por cento** de probabilidade

Tabela - 14. Classificação dos oito melhores híbridos com base na SCA para caraterísticas de tolerância ao calor no trigo

pai	SCA (cruz) e efeitos		Classificação de acordo com os desempenhos per se para caraterísticas de tolerância ao calor							
	Y6	Y5	Y1	Y2	Y3	Y4	Y5	Y6	Total Classificação	Média Classificação
Raj 4037 x Raj 4083	93.81**	7.60**	3	8	5	5	2	1	24	4.00
DBW-17 x PBW 373	75.75**	9.04**	1	7	7	7	1	7	30	5.00
DBW-17 x Raj 3765	69.67**	7.17**	2	5	6	8	3	5	29	4.83
HD 2687 x Raj 4083	48.78**	-1.08	5	6	8	6	5	3	33	5.50
Raj 3077 x RKA 501	43.54**	3.09*	7	3	3	4	4	8	29	4.83
Raj 4083 x RKA 501	42.25**	-2.39	6	2	4	2	7	2	23	3.83
HD 2687 x DBW 17	37.85**	-5.08**	8	1	2	1	8	6	26	4.33
HD 2687 x Raj 3765	37.71**	-2.58	4	4	1	3	6	4	22	3.67

Y1 - Teor de prolina, Y2 - Frequência estomática (superior), Y3 - Frequência estomática (inferior), Y4 -
Injúria térmica, Y5 - Índice de estabilidade da clorofila e Y6 - Índice de vigor das plântulas

Jat *et al.* (2016)

Tabela - 15. Classificação dos progenitores com base na GCA para caraterísticas de tolerância ao calor no trigo

pai	Efeitos GCA (pai)		Classificação de acordo com os desempenhos per se para caraterísticas de tolerância ao calor							
	Y6	Y5	Y1	Y2	Y3	Y4	Y5	Y6	**Total Classificação**	**Média Classificação**
HD 2687	27.65**	1.28**	2	8	5	6	1	3	25	4.17
DBW 17	-4.71	-1.02*	7	7	4	4	5	4	31	5.17
PBW 373	-19.65**	0.20	4	2	1	8	2	6	23	**3.83**
Raj 3765	0.68	-0.57	1	1	8	1	7	7	25	4.17
Raj 3077	-37.43**	-0.45	5	3	2	3	3	8	24	4.00
Raj 4037	-11.89**	0.40	6	4	6	7	8	2	33	**5.50**
Raj 4083	5.96	0.03	8	5	3	5	6	5	32	5.33
RKA 501	39.38**	0.13	3	6	7	2	4	1	23	3.83

Y1 - Teor de prolina, Y2 - Frequência estomática (superior), Y3 - Frequência estomática (inferior), Y4 - Injúria por calor, Y5 - Índice de estabilidade da clorofila e Y6 - Índice de vigor das plântulas

Jat *et al.* (2016)

Conclusão: Pode resumir-se que a análise de variância revelou que a variância devida a genótipos, progenitores, progenitores vs. cruzamentos e cruzamentos foi altamente significativa e significativa para todas as caraterísticas estudadas. O presente estudo identificou pais desejáveis, **RKA 501, PBW 373, Raj 3077, Raj 3765 e HD 2687** para a maioria dos parâmetros de tolerância ao calor. O melhoramento da lesão térmica e de outros parâmetros de tolerância ao calor deve ser possível recorrendo **ao acasalamento biparental** seguido de **seleção recorrente** ou de **acasalamento seletivo dialelo**.

ESTUDO DE CASO : 03

Título : Mobilização assistida por marcadores de QTLs de tolerância ao calor de linhas de introgressão de Triticum durum-Aegilops speltoides para trigo hexaplóide

Autor : Dhillon *et al.* (2021)

Método: Seis linhas selecionadas de introgressão de retrocruzamento Triticum durum - Aegilops speltoides (DS-BILs) (nomeadamente, DS-BIL23, DS-BIL25, DS-BIL31, DS-BIL37, DS-BIL44 e DS-BIL628) com loci de caraterísticas quantitativas de tolerância ao stress térmico (HTT QTLs) foram utilizadas como dadores para transferir sete HT QTLs para três importantes variedades de trigo hexaplóide, BWL3558, BWL4444 e BWL5185. Foi gerado um total de 164 progénies BC2F3 com diferentes combinações de QTLs e 40 progénies foram avaliadas em ensaios replicados ao longo de dois anos em ambientes normais (OE) e de stress térmico (HSE). A avaliação fenotípica e a análise do índice de tolerância ao calor (HTI) em dois ambientes mostraram que a duração do enchimento do grão, espiguetas/espiga, número de perfilhos, peso de mil grãos e rendimento foram melhorados devido à introgressão de QTLs de tolerância ao stress térmico.

Resultados e Discussão :

Tabela - 16. Resumo dos QTLs de tolerância ao calor das linhas de introgressão

Tolerância ao calor QTLs	LOD Pontuação	Marcador associado	Traço	Linha dadora que abriga QTLs/genoma
QCt.pau-3B	4.20	Xgwm264	Dossel Temperatura (CT)	DS-BIL25, 31, 37, 44, 628
QTgw.pau-5B	4.92	Xgwm371	peso de mil grãos (TGW)	DS-BIL23, 25, 31, 37, 44, 628
QSs.pau-4A	4.10	Xgwm565	número de espiguetas por espiga (SN)	DS-BIL23, 25, 31, 37, 44, 628
QTgw.pau-2B	3.50	Xwmc31	TGW, GW	DS-BIL23, 25, 44
QTtc.pau-lB	2.70	Xwmc269	TTC%	DS-BIL25, 31, 37, 44
QSs.pau-7B	4.61	Xwmc517	SN	DS-BIL25, 31, 37
QSs.pau-lA	3.20	Kasp_HT1	SN	DS-BIL44, 628

Dhillon *et al.* (2021)

> Desenvolvimento, seleção e conceção experimental de HTILs BC2F3:5 derivados de trigo *T. durum- Aegilops speltoides* /hexaplóide.

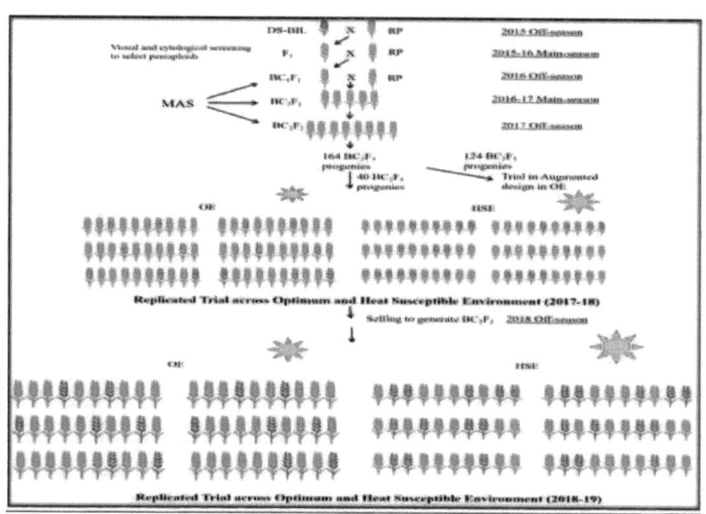

Fig. 15. Projeto experimental

Tabela - 17. Efeito de várias introgressões de QTL em HTILs em caraterísticas importantes relacionadas à produção em OE e HSE

Traço	QTL	Env	Efeito	Magnitude
SN	QSs.pau-4A	OE	09.24*	moderado
	QSs.pau-4A	HSE	**19.47****	grande
FLL	QCt.pau-3B	OE	**18.49****	grande
	QSs.pau-4A	HSE	08.76*	moderado
GFD	QTgw.pau-2B	HSE	06.67*	moderado
TGW	QTgw.pau-5B	OE	**15.74****	grande
	QTgw.pau-2B	HSE	**26.70*****	grande
	QCt.pau-3B	HSE	08.05*	moderado
YD	QTgw.pau-5B	OE	13.06*	moderado
	QTgw.pau-2B	HSE	06.45*	moderado

SN - número de espiguetas por espiga, FLL - comprimento da folha bandeira, GFD - duração do enchimento do grão, TGW - peso de mil grãos, YD - rendimento por parcela, OE - ambiente ótimo, HSE - ambiente de stress térmico. Nível de significância; p-valor < 0,001 (***), p-valor < 0,01 (**), p-valor < 0,05 (*), e p-valor < 0,10 (.)

Dhillon *et al.* (2021)

Tabela - 18. Avaliação fenotípica de BC2F3 HTILs e BC2F5 HTILs sob condições óptimas e Ambiente de stress térmico

Traço	Gen	Env	Cheques	BWL 3558	HTIL/ BWL 3558	BWL 4444	HTIL/ BWL 4444	BWL 5185	HTIL/ BWL 5185
SN	BC2F3	OE	16.8 20.8	20.8	17.6 23.2	22.0	19.6 22.7	21.3	20.5 22.5
		HSE	19.3 22.2	20.3	18.7 21.6	21.8	20.1 22.2	21.2	20.0 21.3
	BC2F5	OE	18.5 21.4	19.6	19.8 21.2	21.2	19.3 22.4	20.5	19.9 22.6
		HSE	19.0 20.8	20.8	18.2 20.7	21.3	19.3 22.1	20.7	18.6 21.1
GFD	BC2F3	OE	38.7 41.6	38.9	35.0 41.2	40.3	37.6 42.3	20.7	38.0 41.6
		HSE	27.6 29.4	28.3	24.8 30.4	28.1	26.5 30.8	38.9	25.1 30.1
	BC2F5	OE	39.9 42.5	39.2	37.4 41.7	41.7	38.1 48.3	29.3	39.5 42.5
		HSE	34.7 37.9	35.9	33.5 36.1	36.4	32.9 38.8	41.7	35.0 36.7
TNM	BC2F3	OE	89.7 114.9	97.5	92.7 117.9	103.4	93.2 130.1	36.7	95.4 128.8
		HSE	56.4 84.0	73.6	64.8 79.4	75.9	61.7 78.6	98.4	64.8 73.3
	BC2F5	OE	94.4 132.2	94.4	94.8 123.6	91.3	76.7 136.5	77.5	74.6 128.8
		HSE	74.5 91.1	84.0	68.5 91.4	84.7	69.2 93.9	79.1	81.2 95.3
TGW (g)	BC2F3	OE	35.4 40.7	39.8	34.8 45.5	40.0	31.2 42.8	40.0	35.5 38.6
		HSE	34.6 39.1	38.1	34.1 41.5	37.4	34.5 39.8	39.0	33.6 37.3
	BC2F5	OE	42.6 47.0	44.5	42.4 48.4	42.7	39.6 47.8	43.1	40.4 46.1
		HSE	35.3 43.3	36.0	32.6 41.1	35.0	32.4 42.1	38.6	38.2 41.7
YD (kg)	BC2F3	OE	1.43 1.79	1.48	0.98 2.02	1.50	0.89 1.92	1.47	1.15 1.73
		HSE	0.94 1.19	1.09	0.72 1.16	0.83	0.74 0.96	1.04	0.69 0.90
	BC2F5	OE	1.55 1.90	1.67	1.38 1.97	1.71	1.49 2.03	1.73	1.43 1.99
		HSE	1.16 1.39	1.09	1.05 1.47	1.36	1.03 1.60	1.14	1.18 1.41

HTILs - Linhas de introgressão tolerantes ao calor, OE - Ambiente ótimo, HSE - Ambiente de stress térmico SN - Número de espiguetas por espiga, GFD- Duração do enchimento de grãos, TNM - Número de perfilhos por metro.

Dhillon *et al.* (2021)

Tabela - 19. Índice de tolerância ao calor (%) de BC2F5 HTILs de várias caraterísticas

Genótipo	HT QTLs introgredidos	SN	FLL	TNpM	GNpS	GFD	TGW	YD
BWL3558		106.26	90.32	89.05	111.65	91.51	80.95	64.99
BWL4444		100.71	93.42	92.76	112.48	87.34	81.90	79.54
BWL5185		101.17	85.60	88.68	117.53	88.06	89.66	65.53
Verificar		99.46	92.05	75.77	105.98	87.76	87.98	72.98
HTIL(BWL3558)								
pauHTIL_2	QTtc.pau-1B, QCt.pau-3B, QTgw.pau-2B	91.65	97.19	83.07	97.96	86.62	87.22	85.99
pauHTIL_18	QTtc.pau-1B, QCt.pau-3B, QTgw.pau-5B	101.16	85.70	90.39	111.06	86.83	79.86	86.12
pauHTIL_20	QSs.pau-4A, QTtc.pau-1B	102.60	92.22	89.00	105.46	87.05	93.65	94.55
pauHTIL_21	QSs.pau-4A, QTtc.pau-1B, QCt.pau-3B, QTgw.pau-5B, QTgw.pau-2B	92.75	98.68	78.45	110.21	88.29	84.46	71.06
HTIL(BWL4444)								
pauHTIL_25	QTtc.pau-lB, QCt.pau-3B, QTgw.pau-5B	97.59	81.32	119.61	96.69	82.33	86.14	79.73
pauHTIL_27	QCt.pau-3B, QTgw.pau-5B, QTgw.pau-2B	94.90	86.10	81.95	90.46	88.82	84.20	105.32
pauHTIL_14	**QTtc.pau-lB, QCt.pau-3B, QTgw.pau-5B, QTgw.pau-2B**	**101.67**	**94.04**	**97.55**	**106.02**	**89.04**	**84.18**	**111.07**
pauHTIL_28	QSs.pau-4A, QCt.pau-3B, QTgw.pau-2B	94.74	97.51	105.55	96.54	87.34	98.97	85.01
pauHTIL_38	QSs.pau-4A, QTtc.pau-lB, QTgw.pau-5B, QTgw.pau-2B	104.53	87.41	80.44	93.88	86.04	89.92	86.92
HTIL(BWL5185)								
pauHTIL_29	QSs.pau-4A, QCt.pau-3B, QTgw.pau-5B, QTgw.pau-2B	88.01	100.13	90.45	101.07	88.43	92.08	95.31
pauHTIL_30	QSs.pau-4A, QTtc.pau-lB, QCt.pau-3B, QTgw.pau-5B	98.78	87.36	100.07	100.69	88.10	102.05	76.97
pauHTIL_32	QSs.pau-4A	95.31	90.47	115.98	106.19	84.49	89.90	76.18

Dhillon *et al.* (2021)

O pauHTIL_14 teve introgressão para 4 QTLs (QTtc.pau-1B, QCt.pau-3B, QTgw.pau-5B, e QTgw.pau-2B) que mostraram maior rendimento do que outros sob HSE.

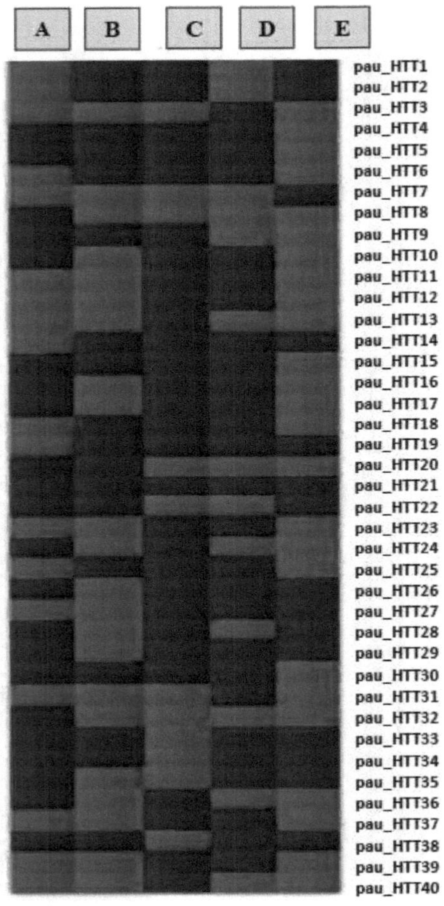

A a E representam marcadores associados a QTLs :

A : QSs.pau - 4A

B : QTtc.pau - 1B

C : QCt.pau - 3B

D : QTgw.pau - 5B

E : QTgw.pau - 2B

O quadrado azul representa a presença do alelo do marcador associado ao QTL e o quadrado vermelho representa o alelo do marcador do tipo do progenitor recetor

Fig. 16. Vista de introgressão do perfil de marcadores das linhas selecionadas tolerantes ao calor (BC2 F5)

Tabela - 20. As cultivares BC 2 F 5HTIL de melhor desempenho apresentam maior rendimento sob OE do que as cultivares testadas

Genótipo	Pedigree	SN	FLL (cm)	TNpM	GFD	TGW (g)	YD (kg)
pau_HTT10	HTIL/ BWL4444	21.25	24.33	105.58	43.61	44.4	**2.029**
pau_HTT11	HTIL/ BWL4444	20.77	25.34	100.85	39.59	41.44	**2.029**
pau_HTT12	HTIL/ BWL4444	21.97	24.91	97.84	38.13	42.38	**2.027**
pau_HTT19	HTIL/	20.41	24.18	96.12	41.42	44.92	**1.972**
	BWL3558						
pau_HTT34	HTIL /BWL5185	19.97	22.58	128.81	41.78	46.12	**1.988**
pau_HTT37	HTIL/ BWL4444	19.89	23.24	136.56	43.61	43.95	**1.974**

SN - Número de espiguetas por espiga, FLL - Comprimento da folha da lâmina, TNpM - Número de perfilhos por metro, GFD - Duração do enchimento do grão, TGW - Peso de mil grãos, YD - Rendimento por parcela

Dhillon *et al.* (2021)

Conclusão : Das 40 linhas selecionadas pauHTIL_10, 11, 12, 19, e 34 mostraram maior rendimento do que as cultivares testadas sob OE e pauHTIL_14 teve introgressão para 4 QTLs (QTtc.pau-1B, QCt.pau-3B, QTgw.pau-5B, e QTgw.pau-2B) mostraram maior rendimento do que outras sob HSE.

ESTUDO DE CASO : 04

Título : Seleção de variedades e linhas de trigo panificável tolerantes ao frio

Autor : Dilmurodov *et al.* (2021)

Material e método: Para avaliar as propriedades de tolerância ao frio das variedades e linhas de trigo de inverno, foram plantadas 150 linhas de cultivares a 2 cm e 4 cm de profundidade, em duas repetições, e foi estudado o efeito da tolerância ao frio na acumulação conjunta. As variedades Krasnodar-99, Tanya e Yaksart, populares numa região específica da República de Karakalpakstan, foram tomadas como variedades padrão para comparar a tolerância ao frio a 2 cm e 4 cm de profundidade de sementeira.

Resultados e discussão:

Tabela - 21. Variedades e linhas com elevado índice de tolerância ao frio plantadas a uma profundidade de 2 cm

Não	Nome	Número de Plantas de germinação (antes do inverno)	Número de plantas (após o inverno)	Tolerância ao frio (%)
1	15IWWYTSA-30	86	85	98.8
2	20FAWWIR-144	90	88	97.8
3	20FAWWSA-249	86	84	97.7
4	Yaksart	71	69	97.2
5	20FAWWIR-142	99	96	97
6	Kiriya	91	88	96.7
7	15IWWYTSA-29	90	87	96.7
8	20FAWWSA-296	96	92	95.8
9	Tanya	91	87	95.6
10	13YTIR-6153	89	85	95.5
11	Victoriya	88	84	95.5
12	Yonbosh	94	89	94.7
13	20FAWWSA-305	90	85	94.4
14	20FAWWSA-294	79	74	93.7
15	KR11-9043	94	88	93.6
16	13AYTIR-9005	74	69	93.2
17	20FAWWIR-38	95	88	92.6
18	13YTIR-6018	92	85	92.6
19	20FAWWSA-291	76	70	92.1
20	Bezostaya-1	87	80	92
21	20FAWWIR-9	87	80	92
22	20FAWWSA-293	86	79	91.9
23	Moskvich	92	84	91.3
24	**Krasnodar-99**	**94**	**85**	**90.4**
25	Turkiston	92	83	90.2

Dilmurodov *et al.* (2021)

Tabela - 22. Variedades e linhas com um índice elevado de tolerância ao frio plantadas a uma profundidade de 4 cm

Não.	Nome	Número de plantas em germinação (antes do inverno)	Número de plantas (após o inverno)	Frio Tolerância (%)
1	Yonbosh	85	85	100
2	13YTIR-6074	80	80	100
3	20FAWWSA-283	83	83	100
4	Turkiston	80	80	100
5	Sahray	80	80	100
6	20FAWWSA-216	87	87	100
7	20FAWWSA-295	78	78	100
8	20FAWWSA-296	81	81	100
9	20FAWWIR-139	86	86	100
10	20FAWWIR-88	85	85	100
11	20FAWWIR-38	90	90	100
12	20FAWWSA-249	81	81	100
13	20FAWWSA-293	73	73	100
14	KR11-28	77	77	100
15	15IWWYTSA-29	81	81	100
16	**Krasnodar-99**	**96**	**96**	**100**

Dilmurodov *et al.* (2021)

Grau de tolerância ao frio das variedades e linhas plantadas a uma profundidade de 2 e 4 cm

O grau de tolerância ao frio das variedades a 2 cm de profundidade

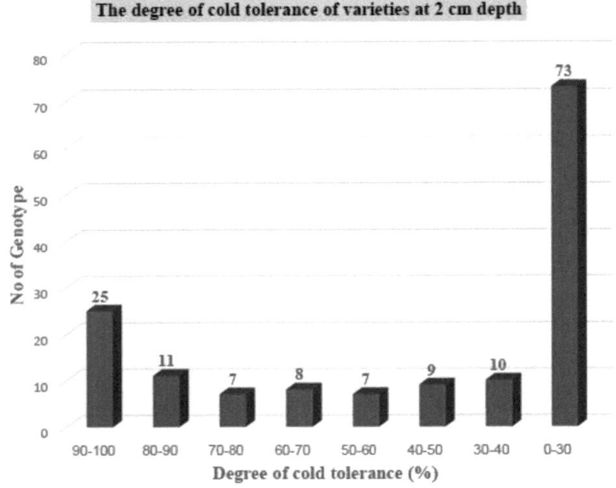

Fig. 17. Grau de tolerância ao frio das variedades a 2 cm de profundidade

O grau de tolerância ao frio das variedades a 4 cm de profundidade

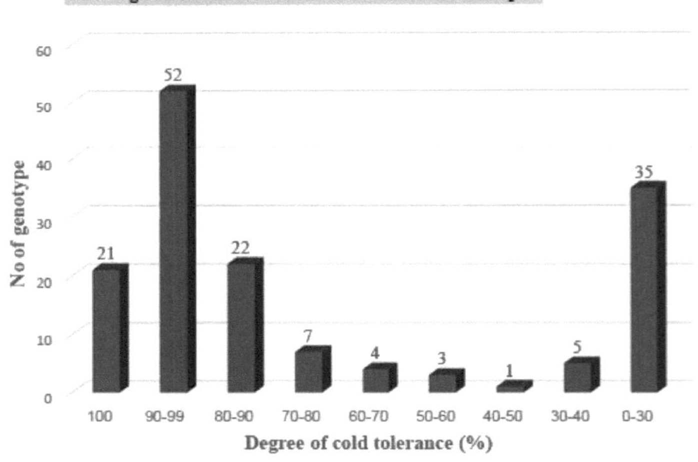

Fig. 18. Grau de tolerância ao frio das variedades a 2 cm de profundidade

Conclusão: A variedade padrão **Krasnodar-99** teve uma **tolerância ao frio** de **90,4%** quando plantada a uma profundidade de **2 cm** e **de 100%** quando plantada a uma profundidade de **4 cm.** Assim, em conclusão, é importante escolher a profundidade de plantação correta para obter rendimentos elevados das variedades. As variedades e linhas plantadas a uma profundidade de **4 cm**, **16** foram avaliadas e selecionadas como **100% tolerantes ao frio**. As variedades e linhas selecionadas foram recomendadas para utilização no **trabalho de seleção para criar variedades tolerantes ao frio.**

ESTUDO DE CASO : 05

Título: Efeito da aclimatação ao frio sobre a germinação e a reação das plântulas ao frio em trigo (*Triticum aestivum* L.) de diferentes cores de revestimento de sementes

Autor : Calderon *et al.* (2021)

Objetivo: Compreender os benefícios da **resposta** da **cor da película da semente ao stress térmico** e a identificação dos factores limitantes são úteis para o desenvolvimento de estratégias de melhoramento a fim de melhorar o rendimento do trigo sob stress térmico.

Material e método :

Desenho experimental e cruzamentos de RILs (Recombinant inbred lines) para segregação de cor

As Linhas Consanguíneas Recombinantes (RIL) são um tipo de população geneticamente homogénea utilizada principalmente no melhoramento de plantas e animais, na investigação genética e genómica. São criadas através da autopolinização ou autofecundação repetida de descendentes híbridos derivados de duas linhas parentais geneticamente distintas e constituem uma ferramenta poderosa para mapear genes e estudar a base genética de caraterísticas complexas.

CAPÍTULO 3

Explicação pormenorizada dos RILs

1. **Criação de linhas puras recombinantes**

- **Cruzamento parental**: Para criar RILs, duas plantas-mãe geneticamente distintas são selecionadas com base em caraterísticas de interesse. Estes dois progenitores são geralmente muito diferentes um do outro em termos de caraterísticas (por exemplo, resistência a doenças, tolerância à seca, rendimento). As linhas parentais são cruzadas para produzir uma geração F1 (a primeira geração filial).
- **Geração F1**: A geração F1 é o resultado do cruzamento das duas linhas parentais. As plantas F1 são tipicamente heterozigotas na maioria dos loci, o que significa que elas carregam uma mistura de alelos de ambos os pais.
- **Autofecundação ou autopolinização**: Depois de produzir a geração F1, o passo seguinte é autopolinizar ou auto-fertilizar as plantas da geração F1 durante várias gerações sucessivas (normalmente 6-8 gerações). Cada evento de autopolinização reduz a heterozigotia e, após cada ciclo de autopolinização, a descendência torna-se geneticamente mais homozigótica.
- **Homozigose**: Após várias gerações de autofecundação, as linhas acabam por se tornar homozigóticas na maioria dos loci. Isto significa que cada linha é geneticamente uniforme, tendo alelos idênticos para cada gene, e expressará consistentemente as mesmas caraterísticas em gerações sucessivas.

2. **Estrutura genética das RILs**

- **Segregação de alelos**: Cada RIL representa uma combinação fixa de alelos herdados das duas linhas parentais. Como os pais são geneticamente distintos, as RILs contêm diferentes combinações dos alelos parentais. A homozigotia assegura que os alelos para cada caraterística são estáveis e não segregarão nas gerações futuras.
- **Diversidade genética**: Embora cada RIL individual seja geneticamente homogéneo, a população como um todo apresenta uma variação genética. Esta variação surge porque as linhas parentais eram geneticamente diferentes, pelo que serão observadas diferentes combinações de cromossomas recombinantes na população. Cada RIL pode diferir de outras por genes ou caraterísticas específicas, proporcionando um recurso diversificado para estudos genéticos.

3. **Aplicações de RILs em genética e reprodução**

- **Mapeamento de Locus de Caraterísticas Quantitativas (QTL)**: As RILs são frequentemente utilizadas em estudos de mapeamento de QTL para identificar os loci genéticos associados a caraterísticas complexas como a produção, a resistência a doenças ou a tolerância à seca. Analisando a variação fenotípica (caraterísticas observáveis) da população de RIL e correlacionando-a com os dados genotípicos (informação genética), os investigadores podem identificar os genes específicos ou as regiões genómicas envolvidas nessas caraterísticas.
- **Mapeamento genético**: Os RIL constituem uma ferramenta genética útil para a construção de mapas genéticos pormenorizados. Estes mapas mostram a localização de genes e marcadores específicos nos cromossomas. Ao examinar a forma como as caraterísticas se segregam na população de RIL, os investigadores podem identificar quais os genes que estão ligados a determinadas caraterísticas e a sua posição no cromossoma.
- **Estudos de associação de caraterísticas**: As RILs permitem aos investigadores estudar a forma como múltiplos genes interagem para controlar caraterísticas complexas. Ao observar a variação fenotípica num grande número de RILs, é possível estimar a contribuição de genes individuais e determinar o seu efeito no fenótipo.

- **Diversidade genética e melhoramento genético**: Nos programas de melhoramento, as RILs são utilizadas para introduzir diversidade genética nas populações de melhoramento. Podem servir como fonte de alelos desejáveis para melhorar as culturas e o gado. A diversidade genética dentro da população de RIL permite aos criadores selecionar linhas com combinações óptimas de caraterísticas benéficas.

4. Vantagens dos RILs

- **Fixação genética**: As RILs são geneticamente estáveis, o que significa que uma vez que as linhas são estabelecidas, elas não segregam mais. Isto torna-as ideais para utilização em investigação e reprodução, uma vez que a sua composição genética permanece consistente ao longo das gerações.
- **Mapeamento de caraterísticas complexas**: As RILs são particularmente úteis para o estudo de caraterísticas complexas que são influenciadas por múltiplos genes, como a produção, a tolerância à seca e a resistência a doenças. O fundo genético fixo das RILs ajuda a identificar loci específicos que controlam estas caraterísticas, facilitando a compreensão da arquitetura genética.
- **Desequilíbrio de ligação reduzido**: Nas populações RIL, a recombinação genética ocorre em cada geração, o que reduz a extensão do desequilíbrio de ligação (LD). Isto permite aos investigadores detetar associações mais precisas entre genes específicos e caraterísticas.
- **Homozigotia**: As RILs são ideais para a realização de análises genéticas porque são homozigóticas, o que significa que não há segregação de caraterísticas dentro de um indivíduo. Isto facilita a correlação dos dados genotípicos e fenotípicos sem os factores complicadores da heterozigotia.

5. Desvantagens dos RILs

- **Processo demorado**: A criação de RILs é um processo longo. Requer várias gerações de autopolinização, o que pode levar anos, especialmente em plantas com longos ciclos de reprodução. Isto pode ser uma limitação quando são necessários melhoramentos genéticos mais rápidos.
- **Perda de heterozigosidade**: Como as RILs são derivadas de linhas parentais com genótipos fixos, qualquer heterozigosidade benéfica presente nas linhas parentais é perdida nas RILs. Isto pode ser uma desvantagem se as caraterísticas heterozigóticas (como o vigor híbrido) forem importantes.
- **Limitado a cruzamentos específicos**: As RILs são criadas a partir de combinações específicas de progenitores, e os resultados podem não ser aplicáveis a outros antecedentes genéticos. Este facto limita a sua utilização a estudos no contexto genético dos progenitores originais.

6. Exemplo de RILs na investigação de culturas

No melhoramento de culturas, as RIL têm sido amplamente utilizadas para identificar genes envolvidos em caraterísticas importantes. Por exemplo:

- **Arroz**: As RILs têm sido utilizadas para mapear genes associados ao rendimento do arroz, à resistência a doenças (como o míldio bacteriano) e à tolerância ao stress (como a resistência à seca).
- **Milho**: Foram utilizadas RILs no milho para mapear genes que controlam o tamanho do grão e a altura da planta,
e outras caraterísticas de importância agronómica.
- **Trigo**: As RIL têm sido utilizadas para identificar genes de resistência à ferrugem do trigo e para melhorar a qualidade do grão.

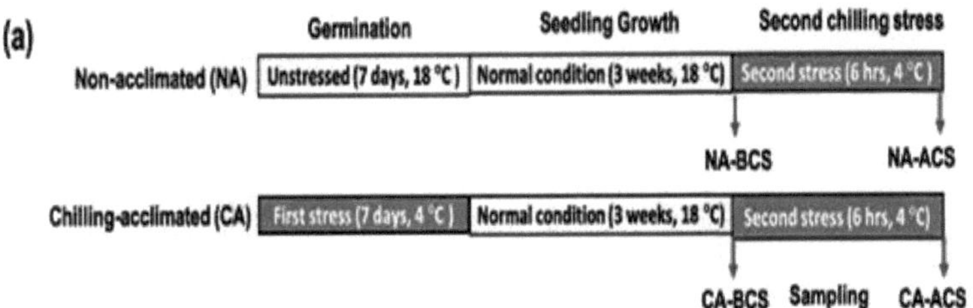

Fig. 19. Representação esquemática do projeto experimental e dos tratamentos BCS - antes da tensão de arrefecimento, ACS - depois da tensão de arrefecimento

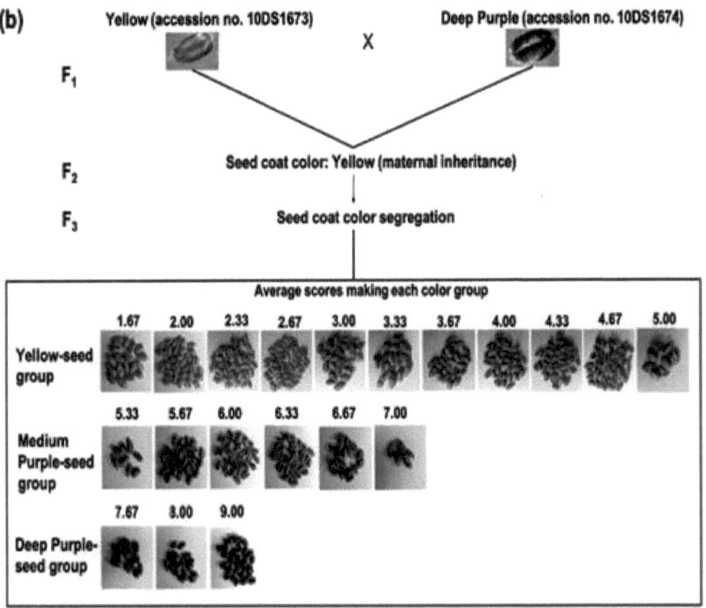

Fig. 20. Cruzes para a geração dos grupos de segregação da cor da casca da semente e de segregação da cor da casca da semente com base nas pontuações médias **grupos:** Sementes amarelas, pontuações **de 1 a 5, Sementes** roxas médias, pontuações **de 5 a 7,** Sementes roxas profundas, pontuações **>7 a 9**

Tabela - 23. Análise do qui-quadrado ($\chi 2$) para a geração F3 para segregação da cor da semente

	Cor do grão				**Total**	**Rácio de segregação**	**X^2**	**Df**	**Valor de p**
F1	Amarelo X Roxo profundo				-		-	-	-
F2	Amarelo				-		-	-	-
F3		Amarelo	Roxo médio	Roxo profundo					
	Observado	111	-	30	141	13:3 a	3.413	1	0.06
	Esperado	114.56	-	26.43	141	Epistasia			

						inibitória			
	Observado	111	25	5	141	12:3:1 b	1.988	2	0.37
	Esperado	105.75	26.43	8.812	141	Epistasia dominante			

a : As pontuações das sementes foram agrupadas em amarelo de 1 a 5,0 e em roxo profundo de >5,0 a 9,0;

b : as pontuações das sementes foram agrupadas em amarelo de 1 a 5,0, roxo médio>5,0 a 7,0 e roxo profundo de>7,0 a 9,0

Calderon *et al.* (2021)

Quantificação de fenólicos e antocianinas em sementes

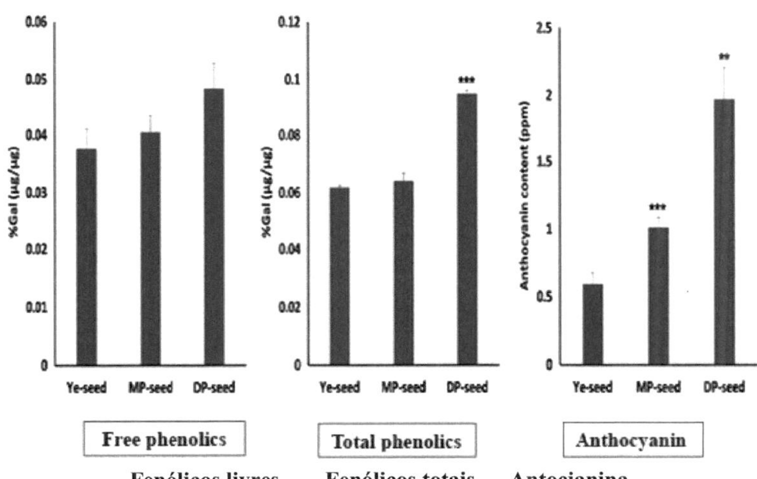

Fenólicos livres Fenólicos totais Antocianina

5.2 : Quantificação de fenólicos e antocianinas nas sementes

Ye - Amarelo, MP- Roxo médio, DP- Roxo profundo

Os dados são médias ± SEM de três réplicas. Diferenças significativas, avaliadas pelo teste t, *p<0,05, **p<0,01, ***p<0,001 quando comparadas com as sementes amarelas

Os fenólicos e **as antocianinas** são dois tipos de metabolitos secundários que se encontram nas plantas e que desempenham um papel importante no crescimento das plantas, na defesa e na saúde humana.

Fenólicos:

Os fenólicos são um vasto grupo de compostos químicos caracterizados pela presença de um ou mais grupos hidroxilo ligados a um anel aromático. Estão divididos em várias categorias, incluindo ácidos fenólicos, flavonóides, taninos e lenhinas.

Funções nas plantas:

1. **Defesa:** Protegem as plantas contra agentes patogénicos, pragas e radiação UV.
2. **Papel estrutural:** As lenhinas (um tipo de fenólico) contribuem para a resistência da parede celular das plantas.
3. **Moléculas de sinalização:** Ajudam na sinalização durante condições de stress e nas interações planta-micróbio.

Benefícios para os seres humanos:

1. **Propriedades antioxidantes:** Neutraliza os radicais livres, reduzindo o stress oxidativo.
2. **Efeitos anti-inflamatórios:** Ajuda a gerir doenças relacionadas com a inflamação.
3. **Saúde cardiovascular:** Contribui para a saúde do coração ao melhorar a função endotelial.

Antocianinas:

As antocianinas são um tipo de flavonoide e um subconjunto de fenólicos. São pigmentos solúveis em água responsáveis pelas cores vermelha, púrpura e azul de muitas frutas, legumes e flores.

Funções nas plantas:

1. **Atrair polinizadores e dispersores de sementes:** As cores vibrantes atraem os animais para as flores e frutos.
2. **Proteção contra o stress:** Protege as plantas da luz UV e do stress oxidativo.
3. **Defesa contra agentes patogénicos:** Actuam como agentes antimicrobianos.

Benefícios para os seres humanos:

1. **Rica atividade antioxidante:** Reduzem o risco de doenças crónicas como o cancro e diabetes.
2. **Neuroprotecção:** Pode ajudar a melhorar a função cognitiva e a reduzir as doenças neurodegenerativas.
3. **Efeitos anti-envelhecimento:** Protege as células e os tecidos dos danos oxidativos.

Tabela - 24. Efeito do segundo stress de arrefecimento em plântulas nas enzimas de eliminação de ROS

ROS enzimas de limpeza	**Exp.**	**Sementes de cor amarela**		**Semente roxa média**			**Semente roxa profunda**
		NA	**CA**	**NA**	**CA**	**NA**	**CA**
CAT total (U/gFW	**BCS**	0.242± 0.131	6.19± 1.065	0.702±0 .032	0.312± 0.127*	0.325±0 .0305	0.176± 0.04
	ACS	0.609± 0.276	0.684± 0.047	0.711±0 .109	222.428± 18.284**	0.53± 0.159	257.513±2 0.042**
Total POD U/gFW	**BCS**	5.153± 0.876	6.275± 1.931	5.294±0 .529	6.907± 2.525	5.212±2 .235	7.102± 1.52
	ACS	4.59± 0.141	5.997± 2.403	4.631±1 .399	5.66± 0.468	7.023±1 .209	7.638± 1.13
Total SOD U/gFW	**BCS**	4.816± 1.276	3.303± 1.089	5.685±0 .500	6.18± 1.352	4.233±1 .054	4.49± 0.582
	ACS	6.19± 1.065	5.878± 1.08	4.855±1 .123	6.07± 1.968	5.618±1 .296	7.865± 1.213

NA- não aclimatada, CA- aclimatada ao frio, CAT- Catalase, POD- Peroxidase, SOD-Superóxido dismutase, ROS- Espécies reactivas de oxigénio, BCS- Antes do stress do frio, ACS- Depois stress de frio.

Calderon *et al.* (2021)

As espécies reactivas de oxigénio (ROS) são moléculas altamente reactivas que podem causar danos oxidativos nas células quando a sua produção excede a capacidade antioxidante celular.

Sob o stress do frio, os processos metabólicos da planta são perturbados, levando a um aumento da produção de ROS. Este stress pode danificar as proteínas, os lípidos e o ADN, o que tem um impacto negativo no crescimento e desenvolvimento das plantas. Para contrariar estes danos, as plantas desenvolveram sistemas antioxidantes que incluem enzimas de eliminação de ROS.

Principais enzimas de eliminação de EROs:

1. **Superóxido Dismutase (SOD)**:

o A SOD catalisa a dismutação do anião superóxido (O2) em peróxido de hidrogénio (H2O2) e oxigénio (O2).

o A SOD é crucial na prevenção de danos oxidativos causados por radicais superóxidos, que são normalmente gerados sob o stress do frio.

o Existem vários tipos de SODs com base no seu cofator metálico: Cu/Zn-SOD (citoplasmática), Mn-SOD (mitocondrial) e Fe-SOD (cloroplasto).

2. **Catalase (CAT)**:

o A catalase decompõe o peróxido de hidrogénio em água e oxigénio, ajudando a atenuar os efeitos nocivos do peróxido de hidrogénio.

o Desempenha um papel crucial na redução do stress oxidativo durante o stress por frio, evitando a acumulação de H2O2.

3. **Ascorbato Peroxidase (APX)**:

o A APX reduz o peróxido de hidrogénio utilizando o ácido ascórbico (vitamina C) como dador de electrões.

o A APX trabalha em conjunto com o ciclo ascorbato-glutatião para desintoxicar os ERO, particularmente em condições de stress como o frio.

4. **Glutatião Peroxidase (GPX)**:

o A GPX também reduz o peróxido de hidrogénio, mas utiliza o glutatião (GSH) como dador de electrões.

o Esta enzima desempenha um papel fundamental na manutenção do equilíbrio redox celular e na proteção das células contra o stress oxidativo.

5. **Glutatião Reductase (GR)**:

o A GR está envolvida na regeneração do glutatião reduzido (GSH) a partir da sua forma oxidada (GSSG).

o A GSH é essencial para a ação da GPX, e a GR ajuda a manter o mecanismo global de defesa antioxidante em condições de stress.

6. **Peroxiredoxinas (Prxs)**:

o Estas enzimas também ajudam a reduzir o peróxido de hidrogénio e os hidroperóxidos orgânicos e estão envolvidas na regulação do estado redox celular.

o As Prxs podem atuar como peroxidases e chaperonas em condições de stress, o que as torna particularmente importantes durante o stress por frio.

Utilização de enzimas de eliminação de ROS para o stress provocado pelo frio:

O stress provocado pelo frio induz danos oxidativos nas plantas, que podem afetar as estruturas e funções celulares. O aumento da atividade das enzimas que eliminam as ROS pode melhorar a capacidade da planta para tolerar o stress causado pelo frio. Algumas abordagens para aumentar a eliminação de EROs para a gestão do stress por frio incluem:

1. **Engenharia genética**: As plantas podem ser geneticamente modificadas para sobre-expressar as principais enzimas de eliminação de ROS, como a SOD, CAT ou APX. Isto tem demonstrado melhorar a tolerância ao frio, reduzindo os danos oxidativos durante os eventos

de arrefecimento ou congelamento.

2. **Preparação e pré-tratamento**: A tolerância ao stress pelo frio pode ser melhorada preparando as plantas para um stress ligeiro ou tratando-as com compostos como o peróxido de hidrogénio, que induz a produção de enzimas antioxidantes. Estas plantas preparadas estão mais bem equipadas para gerir níveis mais elevados de ROS quando expostas a um stress por frio mais severo.

3. **Aplicação exógena de antioxidantes**: A aplicação externa de antioxidantes como o ácido ascórbico, a glutationa ou enzimas (por exemplo, CAT, SOD) demonstrou atenuar os efeitos do stress provocado pelo frio. Isto é especialmente útil em culturas que não são geneticamente modificadas mas que precisam de um impulso extra para tolerar temperaturas frias.

4. **Reprodução para tolerância**: Os programas de melhoramento podem centrar-se na seleção e propagação de variedades de plantas com maior capacidade de eliminação de ROS. Isto pode ser conseguido através da seleção de variantes naturais que apresentem melhores actividades de enzimas antioxidantes em condições de stress pelo frio.

Ao melhorar os mecanismos de eliminação de ROS, as plantas podem sobreviver melhor ao stress do frio, reduzindo os impactos negativos das baixas temperaturas no crescimento e no rendimento.

Conclusão: Os resultados desta experiência mostram que a cor do revestimento das sementes tem um impacto na germinação. Condições de baixa temperatura normalmente reduzem os processos fisiológicos e bioquímicos. No entanto, o presente estudo mostrou que as plântulas de cor de semente mais escura tiveram melhores desempenhos do que as de cor mais clara sob stress de amontoa. Globalmente, as baixas temperaturas têm um grande impacto no rendimento das culturas. Assim, a compreensão das cores do revestimento das sementes e dos seus benefícios seria útil para gerar culturas com as caraterísticas de aclimatação desejadas.

REALIZAÇÕES

> Variedades tolerantes ao calor

Tabela - 25. Variedades da Índia tolerantes ao calor

CLASSIFICAÇÃO	VARIEDADE	HSI
1	DBW 187 (Karan Vandana)	0.8
2	DBW 303(Karan Vaishnavi)	0.9
3	HD 2967	1.1
4	HD3226 (Pusa Yashasvi)	1.2
5	HD 3086 (Pusa Gautami)	1.3
7	DBW 222	1.0

Fonte: Relatório do Diretor Wheat and Barly, 2022; Anon. (2022c)

> Variedades tolerantes ao frio

Tabela - 26. Variedades de tolerância ao frio da Índia

Lançado pela CVRC	Lançado por SVRC
VL Gehun 738	HPW 184 (CHANDRIKA)
VL 804	HPW 155
VL Gehun 829	UP 2572
VL Gehun 832	UP 2584

VL Gehun 892	MANSAROVAR
VL Gehun 907	HPW 147 (PALAM)
HS 507	HPW 89 (SURABHI)

Fonte : (Gupta e Kant, 2012)

Conclusão

Podem ser utilizadas espécies selvagens tolerantes ao calor que ocorrem naturalmente, como *Triticum dicoccon* e *Aegilops speltoides*, bem como podem ser produzidos genótipos tolerantes ao calor através da introgressão de QTL ligados à tolerância ao calor e que podem ser utilizados para outros programas de melhoramento. Várias fontes de resistência ao calor e ao frio e marcadores moleculares associados podem ser utilizados para a introgressão assistida por marcadores do carácter de resistência em variedades cultivadas de elevado rendimento, pelo que, combinando abordagens de melhoramento convencionais e moleculares, podemos desenvolver variedades de elevado rendimento tolerantes ao stress térmico e ao frio e acelerar o nosso programa de melhoramento.

Referências

Anónimo (2018). Boletim DWR, 2018, ICAR-Instituto Indiano de Pesquisa de Trigo e Cevada, Karnal, Haryana, Índia. pp. 8-9.

Anónimo (2022a). Relatório do Diretor do AICRP sobre Trigo e Cevada 2021-22, Ed: Singh, G. P. ICAR-Indian Institute of Wheat and Barley Research, Karnal, Haryana, Índia. pp. 1-2.

Anónimo (2022b). USDA World Agricultural Production Circular series WAP 5-22 may 2022, United States Department of Agriculture, Foreign Agricultural Service, Washington. P.9.

Anónimo (2022c). Relatório do Diretor do AICRP sobre Trigo e Cevada 2021-22, Ed: Singh, G. P. ICAR-Indian Institute of Wheat and Barley Research, Karnal, Haryana, Índia. pp. 12.

Anónimo (2022d). ICAR-IIWBR 2022. Relatório do Diretor do AICRP sobre Trigo e Cevada 2021-22, Ed: G.P. Singh. ICAR-Indian Institute of Wheat and Barley Research, Karnal, Haryana, Índia.P.83.

Arun Gupta, Charan Singh, Vineet Kumar, BS Tyagi, Vinod Tiwari, Ravish Chatrath e GP Singh (2018). Variedades de trigo notificadas na Índia desde 1965. ICAR - Instituto Indiano de Investigação do Trigo e da Cevada, Karnal-132001, Índia. pp. 101.

Calderon Flores, P., Yoon, J. S., Kim, D. Y e Seo, Y W. (2021). Efeito da aclimatação por resfriamento na germinação e resposta das mudas ao frio em diferentes camadas de sementes de trigo colorido (*Triticum aestivum* L.). BMC Plant Biol., **21**(1): 252

Das, N. R. (2008). Wheat Crop Management. *Scientific Publishers*, Jodhpur, Índia.

Dhillon, G. S., Das, N., Kaur, S., Srivastava, P., Bains, N. S., e Chhuneja, P (2021). Mobilização assistida por marcador de QTLs de tolerância ao calor de linhas de introgressão *Triticum durum-Aegilops speltoides* para trigo hexaplóide. Indian J. Genet. Plant Breed., **81**(02): 186-198.

Dilmurodovich, D. S., Usmanovna, H. S., Ugli, J. E. J., e Vokhidovna, S. N. (2021). Seleção de Variedades e Linhas de Trigo-Pão Tolerantes ao Frio. Sci. Educ. J., **4**(63): 30-33.

Gupta, H. S., e Kant, L. (2012). Melhoramento do trigo nas colinas do norte da Índia. *Agric. Res.*, **1**(2): 100-116.

Hasanuzzaman, M., Nahar, K., Alam, M. M., Roychowdhury, R., e Fujita, M. (2013). Mecanismos fisiológicos, bioquímicos e moleculares de tolerância ao stress térmico em plantas. *Int. J. Mol. Sci.*, ***14***(5): 9643-9684.

Hassan, M. A., Xiang, C., Farooq, M., Muhammad, N., Yan, Z., Hui, X. e Jincai, L. (2021). Estresse por frio no trigo: respostas de aclimatação da planta e estratégias de manejo. *Frente. Plant Sci.*, 12, 676884.

Jat, B. S., Bharti, B., Ranwah, B. R. e Khan, S. (2016). Estudos de capacidade de combinação para caraterísticas de tolerância ao calor no trigo para pão [*Triticum aestivum* (L.) em. Thell]. Electron. J. Plant Breed, **7**(4): 996- 1001.

Joye, I. J. (2020). Fibra dietética de grãos integrais e seus benefícios na saúde metabólica. *Nutrientes*, **12**(10): 3045.

Khan, Irum, Jiajie Wu, e Muhammad Sajjad. (2022). Índice de suscetibilidade ao calor baseado na viabilidade do pólen: um critério de seleção útil para genótipos tolerantes ao calor no trigo. *Front. Plant Sci.*,**13** (20): 1064569.

Kumar, S., Kumari, P., Kumar, U., Grover, M., Singh, A. K., Singh, R., e Sengar, R. S. (2013). Abordagens moleculares para projetar trigo tolerante ao calor. *J. Plant Biochem. Biotechnol.*, 22, 359-371.

Poudel, P. B., e Poudel, M. R. (2020). Efeitos do stress térmico e tolerância no trigo: A review. *J.*
Biol. Today's World, ***9***(3): 1-6.
Roy, B., e Basu, A. K. (2009). Abiotic stress tolerance in crop plants: breeding and biotechnology. *New India Publishing.*
Sarkar, S., Islam, A. A., Barma, N. C. D., e Ahmed, J. U. (2021). Mecanismos de tolerância para o melhoramento do trigo contra o stress térmico: Uma revisão. *S. Afr J. Bot., 138*, 262-277.
Singh, G. P., Sendhil, R., e Gopalareddy, K. (2019). Maximização da produtividade nacional do trigo: desafios e oportunidades. Tendências actuais na investigação e desenvolvimento do trigo e da cevada. *ICN, 218.*
Singh, P. K., Prasad, S., Verma, A. K., Lal, B., Singh, R., Singh, S. P. e Dwivedi, D. K. (2020). Triagem de traços tolerantes ao calor em genótipos de trigo (*Triticum aestivum* L.) por marcadores físico-bioquímicos. *Int. J. Curr. Microbiol. App. Sci.,* **9**(2): 2335-2343
Wardlaw, I. F., Dawson, I. A., Munibi, P., e Fewster, R. (1989). The tolerance of wheat to high temperatures during reproductive growth. I. Procedimentos de inquérito e padrões gerais de resposta. *Aust. J. Agric. Res.*, ***40***(1): 1-13.
Yadav, M. R., Choudhary, M., Singh, J., Lal, M. K., Jha, P. K., Udawat, P., e Prasad, P V. (2022). Impacts, tolerance, adaptation, and mitigation of heat stress on wheat under changing climates (Impactos, tolerância, adaptação e mitigação do stress térmico no trigo em climas variáveis). *Int. J. Mol. Sci.,* **23**(5): 2838.

Printed by Books on Demand GmbH, Norderstedt / Germany